30：70
建筑平衡行为论

［俄］谢尔盖·卓班（Sergei Tchoban） 弗拉基米尔·塞多夫（Vladimir Sedov） 著

苏 毅 译

中国建筑工业出版社

著作权合同登记图字：01–2018–6606号

图书在版编目（CIP）数据

30：70建筑平衡行为论 /（俄）谢尔盖·卓班，弗拉基米尔·塞多夫著；
苏毅译. — 北京：中国建筑工业出版社，2018.10
ISBN 978–7–112–22721–1

Ⅰ.① 3⋯　Ⅱ.①谢⋯②弗⋯③苏⋯　Ⅲ.①建筑设计 — 研究　Ⅳ.① TU2

中国版本图书馆CIP数据核字（2018）第218911号

本书由DOM Publishers授权我社翻译出版

责任编辑：姚丹宁　段　宁
责任校对：芦欣甜

30：70建筑平衡行为论
[俄] 谢尔盖·卓班　弗拉基米尔·塞多夫　著
苏　毅　译
　　＊
中国建筑工业出版社出版、发行（北京海淀三里河路9号）
各地新华书店、建筑书店经销
北京点击世代文化传媒有限公司制版
深圳市泰和精品印刷厂印刷
　　＊
开本：889×1194毫米　1/20　印张：7⅗　字数：208千字
2018年10月第一版　2018年10月第一次印刷
定价：80.00元
ISBN 978-7-112-22721-1
　　（32785）
版权所有　翻印必究
如有印装质量问题，可寄本社退换
（邮政编码 100037）

目　录

序言

伯恩哈德·舒尔茨

今天，建筑与日俱增地包围着我们。城市化、不断蔓延和人口增长，不仅是抽象的统计数据，而且是日常的生活体验。渴望在我们的建筑环境中感到自在——并从中得到乐趣——并不仅仅是象牙塔里的美学愿景。而是绝对必要的。城市之美若恰如其分，对人群健康、幸福感、效率都大有裨益。

而在此多元社会，关于如何进行城市建筑的创作，观点纷呈。必须指出，建筑曾被视为必须传承过去。其具体内容或因国家、地域、城市而异，但都以遵守文脉为规则。老旧建筑应获得修补。除非绝对的迫不得已，否则不会一拆了之。从长期历史来看，今天这样的大拆大建实属罕见；上一代人认为，蕴含在建筑材料与建设过程中的劳动量巨大，建筑的价值也会长存不灭。建筑可能因使用而被磨损，却不会因过时而被一笔勾销。

然而，现代主义建筑，至少在理论上，与"大拆大建"有着千丝万缕的联系。为了给建筑创新提供空间，现代主义提出过不少大量拆迁城市的激进主张。而直到

第二次世界大战带来了彻底破坏，拆除现存的建筑存量才被视为理所当然，并转化为城市的执行政策。不可低估这些政策背后的好心。人人享有采光、空气和日照：这些改善卫生与居民福利的政策，难于通过其他的方式来实现。如果要实现这些目标，首先要彻底改变人口稠密和落后的、早在工业化之前就已形成的城市生活条件。

然而，随着时间的推移，不安开始蔓延。这是针对现代主义建筑运动的，更确切地说，是针对当代建设方式的。老建筑消失了——而这些老建筑常常仍可使用，或翻新后可续用。于是，保护这些老建筑的呼声日强。遗产保护，起初仅包括保护纪念性建筑，如教堂、宫殿，渐渐地也更多地用来保护普通建筑。如今，保护范围甚至涵盖了并不起眼的商业建筑，若年代久远或稀缺性高，也会被列入"濒危物种"名录来加以保护。

保护旧建筑时的失望感，映衬了我们面对按照当代通行建设方法所形成环境时的不安。通常城市和住宅的外观——除少数几个设计和建造费用很高的建筑，

如市政厅、剧院、大公司总部等等——根本不能令人满意。在建筑中，"传承感"已经消失了。现代主义运动中的大拆大建，和保护历史的愿望，都为建筑应该如何去反思自身提供了依据。不仅建筑师和理论家，而且公众也在思考如何建设和为什么而建设。从本质上讲，自从建筑学科意识到自身存在以来，就一直不断追问。最古老的建筑设计师，也知"正"不同于"误"。若非如此，何以建造埃及、希腊、罗马的所有寺庙呢？

文艺复兴时期，建筑师渴望回归建筑的起源，寻找并发现继承自古代的珍宝。在这段时间里，罗马人维特鲁威三原则（firmitas, utilitas, and venustas）——坚固、实用、美观——提供了一套指导标准。但是古代珍宝究竟是什么样子的呢？通过探访罗马及各地的考古现场，建筑师们获得了感性经验。维特鲁威（Vitruvius）的思想是经久不衰的——但只有"美"，在某时某刻被牺牲掉了，因为不像其他两个原则，美难以被实证。在 20 世纪，谈论"美"开始成为一种禁忌：它不是悄无声息地离开，而是被大张旗鼓地消灭与放逐。这是通过美的功能性声明来实现的，如果有人敢于使用"美"这样一个被异化的词语，那也是因其可用或有用而美。

在谢尔盖·卓班（Sergei Tchoban）和弗拉基米尔·塞多夫（Vladimir Sedov）的这本书中，也没有为"美"写点什么——至少没有为严格意义或历史意义上的"美"写点什么。他们写的是建筑与背景——围绕它们的无名建筑之间的关系，或者也可以说，是关于单体特殊建筑与量大面广建筑之间的关系。他们直面当代建设所引发的不安，而不是对现代文化作出的笼统批判。试图概述建筑历史，遵循历史、回溯经验来寻求答案。

2500 年来的建筑史，是一项不同寻常的事业。通常，建筑历史学家会写大师的年代，但不尝试写普通的历史。他们之所以这样做，是因为古代和中世纪早期就留有裂缝——那个时代建筑师之间就像没有关联性。另一个裂缝是 19 世纪。如，约瑟夫·帕克斯顿的水晶宫，为 1851 年的伦敦博览会展示了纯粹的技术美学。又如，新艺术运动在1890年左右的回潮等。我们现在所看到的现代主义建筑，它的定义越来越不明确，持续时间长，此后出现了后现代主义甚至新保守主义。为了真实地反映建设实践，"保守"或者"次"现代主义也被加入多样的词条清单里。

这里，作者不予置评。从某种意义上说，卓班和塞多夫偏好于建筑史的观点。他们有着深刻的历史理解，有一种感觉——理论日渐模糊——而建筑外观的正确或得体，人们就可说它"美"。"得体适当"，他们又引用维特鲁威，古希腊修辞学中的一个词来形容它：装饰。

于是书中就采用了"装饰"这个词。而这个术语，在20世纪，几乎成为所有现代理论家、所有理论家鞭笞的对象。然而，卓班和塞多夫强调，装饰并不是建构过程中的"附属物"，而在很大程度上，从古希腊开始，装饰就已经脱离了结构必要性。建构逻辑从一开始就不同于艺术逻辑。这与建筑的感知方式有关，人们不只是观建筑（不论远近）——而是由远及近，去"熟识"，去理解建筑。

在早期或"英雄"的现代主义时期的某一刻，数百年来甚至几千年来的特殊建筑——从希腊寺庙、哥特式教堂、文艺复兴时期的宫殿到巴洛克城堡——与周围为之提供视觉背景的普通建筑之间的平衡感丧失了。当建筑试图扩展其美学创新精神，涵盖所有类型建筑的时候，其前卫性破坏了这种平衡，在努力提供技术与卫生方面改善的同时，现代主义运动在世界各地带来了均一的、相似的、不断重复的住房开发模式，这种趋势愈加彰显。

后现代主义把往昔形式如玩具一般戏谑地融入建筑中，得到"反讽意味的"拼贴组合，而这段时间一纵即逝，而今又到了该区分特殊建筑与背景建筑的时候了。当代技术丰富性与手法可能性，允许新经典建筑师完全抛弃早期现代主义"经典"的理性与固执。作者写道，自由设计的标志性建筑"见证"了新的技术可能性与世界观。

当然，这类特殊建筑与背景建筑截然不同。"毕尔巴鄂效应"，所指的这种新学派的最有影响力的一处建筑，带来了两个改变：一方面新的特殊建筑孑然独行；另一方面，它迫使周边环境成为它的背景。建筑与环境的平衡关系被破坏殆尽。在这本书里，作者集中于重新塑造千年来特殊建筑与周围环境之间的关联性。书中反复出现的该比率为三七分，是否合理，可能仍是个开放的结论；鉴于大量性建筑必须被建造，来为每个社会公民提供合适的住房，则远低于三七分的比例似乎更为正确。但这在作者的论点中并没有起到决定性的作用，因为真正的问题是，这两种类型的建筑，"特殊建筑"和"大量性建筑"，必须再次建立平衡关系，至少在现代主义到来之前是这样。

作者没有陷入文化悲观主义的陷阱，作者强调了这种对比的积极性。他们用到了"对比和谐"这个词。然而，由于现代建筑技术的可能性，特殊建筑可采取任何可想象形式，其他大部分建筑，因为经济约束，而遵循某些基本形式和基本原则。作者考虑形式和表面处理，用五种基本的建筑类型，对新古典建筑的可选择的方法进行分类。其中最引人注目的是两极：一是视觉化地运用结构物，如建筑框架；二是强调建筑的体量。前者重格网，后者重容积。在另两种类型中，三维体量或雕塑可附加到建筑物上，或者建筑物本身为立体组合的雕塑。第五种类型，为仿生或结晶体一般的雕塑，这是指回到上面提到的标志性建筑，采取完全自由选择的形式，不考虑如何将建筑融入周围环境。背景建筑不能通过雕塑领域的方法，或者极简主义的方法来还原。于是，卓班和塞多夫回溯了从希腊建筑走到现在的漫漫长路。他们展示了各时代建筑外观设计的新形式，立面设计从一开始就没有结构必然性。精准比例的外檐设计，繁密多样的细节，因为道德上让人反感，已经被排除在现代建筑以外。作者对重建过去并不感兴趣，但尝试恢复特殊建筑与普通建筑之间的平衡。

作者所借用的建筑历史研究方法是有利的，因为它可以考虑到许多传统没有出现的东西，或者一带而过的事物。欧洲建筑不仅在意大利和法国发展，而且在外围地带，从西班牙到俄罗斯也都发展着。在欧洲之外也在发展。在 20 世纪，现代主义建筑的世纪，中心和边缘之间的差异开始消退，将欧洲夷为平地的方法在当今世界变成一个全球标准，时间有先后，内容却相似。最后，对建筑史上"被禁"的一章——20 世纪集权主义政权的一章——的研究，可以看出建筑风格在创新与返古之间不断摇摆。

然而现代主义运动有一个共同之处，即对旧事物的反对。创新性本身是一种价值，即使它可能出现传统形式，如纷杂的新古典主义。到 20 世纪末，这种对创新的沉溺，把最多样化和对立的政治阵营集合在了一起，抽干了建筑思想，全能的城市生活形态概括了所有。卓班和塞多夫在他们的书中经常使用"死胡同"这个词。这意味着睁大眼睛闯入失败。这不仅是政治领域的词，而且也适用于建筑领域。

因此，当我们到达在他们的书中文章结尾时，我们可以回过头来看，这本书成为一种回忆。有必要旁观建筑的发展历程，它们从 2500 年前开始发展，抵达终点——即我们今天生活的情况。最后，作者显然未曾回应维特鲁威的坚固、实用。事实上，他们也未曾提及维特鲁威，却总是念念不忘于美，默默无语，悄然无声。他们在圣彼得堡精妙的街道和建筑中找到了美，他们的思想，一次又一次地回到这里。接下来是分析，以冷静的科学敏感性分析欧洲城市，以及对我们如何管理我们现在所处的、包围着我们的建筑世界的答案。我们为此仍感到不安，因为我们还没能理解我们时代设计的可能性，我们应该运用这些研究，来创造一种既令人满意又持久的建筑形式。

导言

谢尔盖·卓班

有些读者可能会设问，何物启发了我们写这本书？毕竟，有无数关于建筑史和建筑师的专著。当建筑师希望将自己介绍给客户时，他们不再争相整理他们的项目和建筑物的影印文件夹。相反，他们通常只是在桌子上放一本书。由著名出版社出版的建筑物的相册。像这样的成堆的书籍，每年都会揭示出建筑的发展，直到最微小的细节。然而，这本书却有着截然不同的关注点。

在很大程度上，这是一个个人的问题，同时对一个问题进行了客观的检验：当代建筑对今日文化意味着什么？在过去百年中，建筑经历了彻底的改革，放弃了许多曾经的设计工具。同时，技术的快速发展使建筑取得了巨大的成就。当今建筑的设计原则与一个世纪前的建筑设计有很大的不同。但到底是什么改变了呢？"外行"，更不用说建筑师自己，是否理解这种变化的原因和含义呢？我一直无法从阅读书籍，或采访同龄人，或讨论我所追随的、努力参与付出的建筑设计中获得解答。

因此，我冒险邀请了一位来自我的故乡的俄罗斯的建筑历史学家和记者，我非常崇拜的弗拉基米尔·塞多夫，来合著本书。

在我们对建筑史和20世纪20年代决定性转折的考察中，我们将培养出一定程度的超然度，采用观察人士的角色，他们试图描绘一种已经存在的，并对每个人都很明显的现象，即使它还没有完全渗透到我们的意识中。我们还将冒昧地提出一项预测，概述当代建筑必须注重的品质，以确保20世纪和21世纪建筑中无可争议的美学成就不会被遗忘。

作为游客，我们发现最吸引自己的是历史城市，拥有丰富的建筑，迷人的作品，它们构成了我们喜欢称之为"背景建筑"的建筑，其中一些建筑是由无名建筑业者在往昔岁月建立起来的。创造令人兴奋的城市的先决条件是：20世纪最伟大的建筑革命的最新技术和美学成就不仅被杰出的个人艺术品所代表，而且大量性的艺术作品中都体现为如此，而围绕着他们的大量性建筑能够匹配我们在历史城市中发现的质量吗？

图 0.1　威尼斯大运河鱼市场对面的背景建筑

　　我喜欢和这些建筑外行一起去这些城市。当我和一个建筑师一起旅行的时候，甚至在我们看到它之前，我已经可以预见到我自己对建筑物的反应，甚至是我同事的反应。直到 1910 年代，历史建筑被视为一系列或多或少的有趣的肖像画一样的建筑。这些建筑现在看起来就像是一个失落的文明的遗迹：他们留下了如此深刻的印象，以至于我们甚至不知道他们是谁，最重要的是，为什么他们是按照他们的方式建造的。我

总觉得这些文物是由外星人建造的，他们有高度发达的细节技术，他们在完成工作后就离开了地球，而没有教给我们这些独一无二的知识，所以我们既不能使用这些知识，也不能进一步开发这些知识。当建筑师们观察 20 世纪二三十年代或五六十年代的建筑时，他们特别喜欢欣赏极简主义的建筑文化语言，以及这些相对较新的、往往是野蛮的现代主义前和战后作品的不同形式——其中许多作品已经处于破败状态——而

图 0.2　布鲁塞尔周围宏伟建筑的细部

这些作品的维护需要付出明显的努力。当谈到当代建筑学时，我们经常只看到真正意义上的新词，这意味着建筑之所以有趣只是因为它们是新颖的——更像是网络新闻。20 年前的建筑几乎没有受到任何关注，与此同时，建筑技术和建筑风格也发生了根本性的变化。通常，最新的建筑给我们留下深刻印象的是材料和形式的相互作用：它们有高精密的节点，使用最先进的技术。

奖项、展览和出版物的过度丰富，也使得大众必须仅仅因为它的创造者欣赏它，而喜欢这种建筑。然而，现实中，人们以一种完全不同的方式来看待和体验他们的城市。我喜欢沿着香榭丽舍大街开车，或者在柏林散步时，与业外人士谈建筑。即使是 20 世纪 20 年代前建造的平庸的建筑，也因其装饰华丽的外墙而变得饶有趣味，或者至少足以引发一场争论。然而，当问及 20 世纪 50 年代以来的建筑年代时，我常常感到困惑：这也是建筑吗？究竟是怎么了？只有极不寻常和非常知名的当代建筑可以证明自己的存在意义。总的来说，这些建筑不仅因为它们的物质性（如混凝土、砖块或玻璃）而突出，而实在是因为它们的设计本身太出名。其他当代建筑几乎没有机会给建筑业以外的人留下深刻印象。今天的建筑杰作，需要一个充盈的建筑背景，最好是由老建筑构成——如果它们想要达到预期的效果，就得像是表面精巧细致的真菌，长在如画的腐木上一样。我研究了圣彼得堡的建筑，这个城市具有极其优越的历史氛围和古老建筑的遗产。然而，值得注意的是，这座城市的城市景观只不过是300多年前的一部分，当年的城市建设者们，仍然是城市集体意识里的英雄和巨人。

在我的大学里，建筑史课程与现代建筑没有什么联系。当我真切地回忆时，我从来没有想过，是否有可能创造出像周围存留的历史建筑那样美丽、细致的东西。我们的大学坐落在美丽的18世纪建筑中，是圣彼得堡最早的古典建筑。每天，我们进入宏伟的入口大厅，走过两个方向相反的楼梯，走进教室，设计有柱子和横梁的简陋的窝棚。即使我在家和家人在一起，我也经常听到有人说：嗯……我们不可能像过去那样建造，但在当前的形势下，必须努力做到最好。我们完成了圣彼得堡历史街区的街道和建筑物上的研究和素描。我们觉得素描的主题就像是一个迷失的文明遗迹的遗骸，这些是"外星人"留下来的，不知他们从何处来，凭空消失，也没有任何迹象表明他们会回来。

重复一下，这就是每天包围我们的建筑。如今"美观"这个词几乎从来没有被用来描述建筑。这实际上是被禁止的。我们无法出国旅行，但大学图书馆从国外获得书籍和杂志。我们惊讶地发现，世界不仅朝着简化形式和放弃细节的方向发展，而且还在开发新技术，使之有可能建造新形式和不寻常的几何结构。

25年前当我来到西欧，并试图尽我所能发展我的职业生涯时，我惊讶地发现，学生时代的我一直在思考的问题，仍然没有得到答案。如果有的话，许多问题实际上变得更加尖锐。在我看来，居民对快速成型的城市现实的厌恶，与日俱增。正是这些问题，我们希望在这本书中回溯建筑历史时，不要迷失在它的小节里。与过去的时代相比，当代建筑丧失了什么？它得到了什么？当我们认识到历史环境往往不再作为背景来进行形式和对比实验时，我们可以发展什么样的城市景观？

重要的是，我们希望业外人士觉得本书有趣易读。当然，如果建筑师在书中找到一些有用的东西，我们会很高兴。我们真切盼望如此。但我们的目标受众是"建筑迷"。我们希望你，亲爱的读者，可以获得建筑历史的概览，而不必拘泥于史实、年代和术语。在这100多页的书里，你将获得关于建筑的初步知识，然后如果愿意，可钻研专业书籍来扩展建筑历史知识。但我们最大的愿望是让读者更进一步地回答以下问题：在当代建筑和现代城市中，我们在寻找什么？

图 0.3 圣彼得堡街道: 历史的城市景观之所以令人难忘, 并不是因为单个建筑, 而是因为和谐的风格统一感或类比的和谐

第一章

古代

虽然我们不知道建筑于何时或何地诞生，但专家认为它是在古代近东与几何学一起发展起来的。第一个建筑是从原始的史前房屋发展来的，包含两个先前未知的特性：一方面更大的几何复杂性和另一方面由创造性所驱动。埃及金字塔、美索不达米亚的神塔和中南美洲的阶梯金字塔生动地说明了早期建筑与几何学之间的关系。如果没有对几何学基础知识的全面了解，这些巨大的三维物体的构造将是不可想象的。创造性的驱动力不仅体现在这些建筑的固有属性，如它们的大小、材料和装饰的质量和数量，而且还体现在它们的整体效果上。在这一点上应该注意到，创造性设计不一定与使用诸如大理石之类的贵重材料或大大小小的建筑物本身的建造有关；创造力是平等的，是在装饰建筑物表面的艺术中，表现出来的。

古代建筑一起步，就开始发展它的主要主题——通过一定的装饰细节的综合，对承重结构进行视觉再现。因此，古埃及人创造了一个建筑秩序的体系，装饰柱子，支撑建筑。他们的系统已经包括了柱式的所有基本细节，从柱础，到对柱子顶端结合点加强了装饰，如柱头一般。如果我们进行分类，实际上有两个埃及柱头：莲花和棕榈树。

让我们在这里暂停，谈一个对我们的课题非常重要的问题。在古代近东，特殊纹饰的存在已经成为区分不同建筑类型的主要手段。

下一个时代的古希腊建筑是如此有趣，因为希腊文化是一种不断运动、充满活力和永续发展的文化。古希腊采用了埃及建筑的一些元素。或者更确切地说，它从那里获得了一些知识，从那里开始进一步发展，最初是在实用层面，继而在理论层面上。最早的承重柱的柱式，多立克，出现在公元前7世纪。在这一柱式中，柱身被凹槽所装饰，并加冕有圆形、扁平的柱头，支撑水平框架和浮雕结构的装饰板。这种柱和框架结构的设计被证明是原型，在各种后来的文化和时代里存续，而在欧洲文化中传播最为广泛。在希腊，就像在古代近东，再次选择对建筑予以装饰。通常的立柱和构架系统是以木结构为基础的，其实并不需要建筑

图1.1　特奥蒂瓦坎阶
梯金字塔

图 1.2 对古代主题的幻想：被时间吞噬的古典装
　　　饰元素。左边和右边裸露的砖石结构象
　　　征着古代建筑的结构基础

柱式和装饰来改善其功能。因此，在 20 世纪发生的革命，建筑装饰被认为文过饰非和无关功能，古希腊时期也是如此，而且去除装饰无关建筑构造的稳固。然而，古希腊人知道，仅仅出于艺术性，而将简单的形状进一步细分，是提高建筑视觉和触感的必要手段。对于眼睛来说，远观建筑物的体量和比例还是不足的。当观察者和对象之间的距离减小时，眼睛就需要看到额外的信息。例如，当我们看一棵树时，我们要注意——它有美丽的树冠，也有叶片的层次。当我们看着一个人的脸时，我们会注意到最细节的层次，体味独特性。应该注意的是，建筑师在设计柱子的时候使用人体作为他们的原型，并且确定它们的比例和装饰规则，以使其清晰和谐。

爱奥尼柱式与多立克柱式差不多同时出现，来自爱琴海的东海岸伊奥尼亚。爱奥尼柱式的顺序是独特的，其柱头雕刻，有两个蜗壳，像喇叭一样过渡到柱身。因此，爱奥尼柱式是一个完美的三段式，柱础、柱身和柱头，对应于人体解剖序列的脚、躯干和头。这种结构的拟人特征可以直观地掌握。不久，这两种类型的柱式又诞生了第三个——科林斯。按照科林斯的顺序，柱头的设计达到了雕刻所能及的高度，类似于由强烈装饰的叶片形状的"篮子"。

所有这些类型的柱式被用在不同的建筑组成中，成为所有古典建筑的底层特征。围绕古建筑或通向入口的装饰的柱列，可被认为有广泛的功能意义。可以肯定的是，古希腊和古罗马以及罗马帝国的大部分殖民地都有温暖气候，在建筑物前面建造一个有屋顶的柱廊，可以起到抵御烈日的作用。然而，在大多数情况下，柱的巨大高度减少了阴影区域，并使柱廊不能很好地遮阳。然而，柱廊最重要的功能是艺术性和装饰性。它增加了立面深度，把建筑变成一个明暗相间的几何雕塑。正是这些特性使得柱廊被融入世界各地各种不同的建筑类型中，提供正面遮阴。即使知道它们不在阳光明媚、气候温暖的国家。

古希腊最具表现力的建筑构图是神庙。它有一个长方形或圆形的中央房间，被称为内殿，四周被柱廊包围着。这可以由一排或两排的柱子组成。柱子甚至可以与墙合并成半柱或壁柱。除了神庙外，其他类型的建筑也被开发出来：剧院、可供锻炼的体育场、朗诵诗歌的圣地、贸易场所和社区聚会中心。这些建筑的设计往往涉及雕塑和表面装饰。古希腊建筑在追求完美方面，处于一种持续发展的状态。

这种持续的努力，可以用多立克柱式的历史来说明。公元前7世纪的建筑仍然以视觉上笨重的柱子为特征，柱子的数量不是固定的。在其后第五、六世纪的发展过程中，柱子有不断发展，比例更和谐，细部更清晰。这一发展在帕提农神庙达到了高潮，帕提农神庙是位于雅典的一座巨大的多立克神庙。

然而，这座神庙的绝对完善，却也阻碍了古典经典的发展，创造了历史上第一座建筑的"登峰造极"之作。帕提农旁边的伊瑞克提翁神庙，采用了爱奥尼柱式，有更多装饰来满足了多样化需求，并从业已固化的多立克理想模式中脱离出来。在这里对即将到来的希腊化时期进行了初步尝试，通过引入自由元素的设计方式，有褒贬不一的评价。

多立克和其他柱式都是在古希腊数百个城邦的时候发展起来的，这些城邦位于地中海的海岸线上，彼此交流。这些城邦有些为民主统治，有些被贵族统治，有些在国王或僭主的统治之下，但他们所有的政治差异不影响柱式，其大小上大致相同，并沿相似的路线发展。而每个城邦——一个文明的小岛，与城市本身及其周围的环境有关。它们通过避免与邻居发生任何冲突而使城市本身及其近郊保持一致，这些邻居被认为是明显的异类和危险的，尽管力量较弱。像奥德修斯（Odysseus）一样，希腊人战胜了巴巴里人的强大世界，从而赢得了胜利。

然而，希腊人逐渐形成了一种独特的意识，知识和文化上的优越感，野心在各地传播，超越了可见和想象中的界限。集会后，马其顿国王亚历山大大帝建立了国家，不仅包含一些希腊城邦（如爱奥尼亚）和埃及的领土，也包括以前蛮族统治的近东地区，帕提亚、巴克特里亚、美索不达米亚和叙利亚。古希腊城邦开发的建筑规范在这个希腊化的状态下，被改造成巨大而有时极其豪华的建筑。在这里，帕伽莫国王建造了雄伟复杂的祭坛，卡瑞亚国王建造了哈利卡那索斯陵墓，罗德斯城邦在港口建造了一座巨大的雕像，埃及国王建造了亚历山大灯塔。建筑的范围扩大，立面的雕塑性也更强。这个时代不仅带来了新的形式，而且延续了古老的和扩大的物理边界与传统的精细表面装饰传统。

一方面，希腊化时代延续了古典希腊的发展脉络。所有主要的、重要的建筑物都是用干燥的砖石建造的，使用巨大的、密集的石块，具有突出的质地（理想大理石），而不是嵌在砂浆中的泥砖或碎裂的石头。这些是今天幸存下来的标志性特殊建筑的前身，是本书中讨论的30%的建筑。

另一方面，希腊文化时代是文化的第一个时代，同样，建筑也是如此。最受影响的是建筑物的设计和装饰，包括世俗的房屋。这些简单的背景结构，构成了约70%的建筑环境，受到了最重要的时代建筑的影响，有相似的装饰规则，具有简化的形态。这创造了类比的和谐，背景建筑和次级重要建筑在设计上类似于重要建筑，但在结构上更简单，在装饰上更简单。希腊世界的边界里，看迦太基的建筑、东地中海的腓尼基城市、伊特鲁里亚的城镇和罗马早期的城市，我们发现了同时的、类似的表达，由柱列或浅浮雕、壁柱构成。作为视觉再现系统的建筑秩序已经传播；这是第一个发展到涵盖建筑领域的国际设计风格。

随着时间的推移，地中海的政治版图发生了变化。罗马在权力和影响力上成长，伊特鲁里亚人、意大利的希腊殖民地、最后的马其顿和其他东方的希腊国家逐渐受到影响。现在，古代文化的世界和环绕地中海四周的罗马国家分裂了：西方保留了拉丁语、罗马混凝土和罗马及其殖民地的巨型建筑，而东方则是希腊统治的另一个世界，历史追溯东方并不久远。

建筑历史主要讲西方的独特文化，而忽略了东方，而重要的过程发生在那里。本书也将忽略东方，而多看罗马，那里的古建筑在两个领域取得了创新和高度显著的进步。

第一项，是拱顶的发明和大跨度拱形结构的发展。拱和穹顶似乎是在古希腊时期的罗马人之前发明的，但在古罗马的建筑中，它们变得流行起来，并进一步发展。穹顶基于一种新的系统，取代了在希腊广泛使用的梁柱系统。这种新的拱顶系统改变了结构中载荷的分布，使得装饰更容易独立于结构。

第二步是将所有的建筑秩序的装饰与实际结构的最终分离：柱子现在被剥夺了承重的目的，只是靠在墙上，而拱顶承担荷载外装修于是成为真正意义上的装饰建筑信息的真实性。

受到了另一个全球性的重新评价：如果外装修只是画蛇添足，那么没有装饰的建筑在理论上是可能的。然而，很少有标志性的建筑愿意放弃装饰，从而形成了一种全新的建筑实践原则。在有拱券的情况下，柱上的巨大的、精心修整的石头不再必要，小石块或砖块现在常常也可充当承重构件，表面附有装饰物。现在，承载和装饰的功能从语义上分离开了。这就导致了用更小而柔的构件（或匀质混凝土）来建造，用装饰浮于表面的意愿。

这种意愿导致构造方法的改变，但它对建筑艺术或建筑原则没有影响。

除了纯粹的功利建筑，如输水道，罗马人继续装饰了他们大部分建筑；事实上，装饰变得越来越复杂，越来越豪华。

罗马建筑经历了两条发展道路。一方面，它发明和完善了新的建筑类型，它的规划和执行充分利用了当时的科学技术成果，在测量和力学，甚至哲学方面。罗马及其周边地区以其建筑而闻名：剧院（不再像以前在希腊那样借用现有山体做切割，而是独立的看台、人造建筑）、剧场、赛马场、引水渠、法院和浴场。在柱子、拱门和拱顶上的混凝土群，这些建筑在一个巨

图1.3 罗马竞技场：每一层的拱廊
都以不同的建筑风格装饰
（左）

图1.4 君士坦丁大帝时期的罗马
凯旋门（右）

大的建筑群中组织起来，几乎可以说是无礼的大胆行为，它们的建筑平面可以是半圆形的、椭圆形的或长方形的。在这些建筑中，建筑达到了技术和艺术自由的新水平，充满了可能性（特别是在拱顶的情况下）。这种新的自由，主要表现在空间概念上，也延伸到结构工程领域，产生了"装饰背后隐藏的建筑"的诞生，或者说是"饰面后的建筑"。

另一方面，尽管罗马建筑一直在寻找适合于拱形系统和建筑新维度的形式，但罗马发明的形式——拱廊和凹半圆形壁龛——仍然并非建筑语言。这种语言的基本语法仍然是建筑柱式，尽管在柱头和其他部分表现出更高的发展水平（罗马对多立克、科林斯和爱奥尼柱式做出了修改）。飞檐变得更加精致，新的形式如毛面砌筑得到了发展：一种外观上"更显重"的泥石砌建筑，起源于罗马，由于其墙壁的外观更为复杂，给整个建筑增添了一种戏剧性的表现力。这个新秩序，整个设计或装饰系统，用各种方式来进行视觉表现。

在承重力和力的分布上，从光学和艺术上都体现了巨大的石头结构。

罗马也以其建筑高度而自豪，这种高度可能是实际高度或心理感知的高度。这些是所谓的罗马巴洛克式的纪念碑，在其凹凸的细节和分割的山脚上表现出独特的活力。这种独特的和短命的运动，说明了在经典设计系统中进行后续改进的潜力。

图1.5　罗马的万神殿：柱廊的剖面

　　然而，这一和谐系统的进步，在公元3世纪终止了。兵营皇帝的迅速更迭、野蛮人的入侵以及密特拉教和基督教的传播——无论是单独的还是共同的——都带来了砖石结构质量的恶化，导致石柱和柱顶数量不足。战利品开始被作为建筑元素出现，而旧建筑的柱子被重复使用。特别是，模纹的体量和柱头，显得更扁平无华——在需求低迷，建筑业降低造价时，这是不可避免的。所有这些因素，见证了柱式和罗马帝国整体设计文化的危机。

　　当基督教在4世纪取得胜利时，建筑秩序变得更加简单，战利品的比例也增加了，但与此同时，建筑平面和拱顶的建造似乎变得更加复杂。万神庙里建筑

与空间象征的融合，是显而易见的。在四、五世纪的纪念性建筑中，如米兰的圣洛伦佐教堂、圣斯特凡诺和罗马君士坦丁堡陵墓，以及塞萨洛尼基和圣乔治的圆形大厅等等，都对这种融合做出了继承。这种朝向更加抽象的装饰和更加复杂的空间形式的运动，最终在君士坦丁堡的圣索菲亚教堂上达到了高潮。圣索菲亚教堂是东罗马帝国最大的教堂，它也被描述为根据中世纪建筑体系建造的第一座教堂。这在一定程度上是正确的；而在本书里，我们把圣索菲亚大教堂视作是最后一个纪念碑的古代建筑；建筑柱式仍然扮演着重要角色——尽管柱头和柱身都有很大的变化。它试图将一种熟悉的"和谐感"带到巨大的墙壁结构的表

图 1.6 罗马万神庙的南立面，在砖石建筑顶上部分被破坏的装饰性大理石元素碎片仍然可见

面和圆角上，在这种结构中，十字、圆形、穹顶和窗户作为光源的象征，与非凡的空间自由几何及和建筑艺术结合在一起，不做划分，直到今天仍然让人惊叹不已。我们在这里讨论的是最早的雕塑建筑之一：毫无疑问，它属于 30% 的杰出建筑，它们的内在形式是如此引人注目，以至于表面的装饰变得没有必要。似乎"装饰背后的建筑"并不主要通过装饰（虽然这也是可能的）来取得主导的艺术效果，而把装饰变成一个辅助的、从属的角色，甚至把它变得多余。

以圣索菲亚大教堂为例，它可能是第一次将一座建筑作为一个空间雕塑，在这个空间雕塑中，拱形形式的对角线发展和独特的空间构成比任何装饰墙都要

有趣得多，在一个更平静、更正式的理性体量中。这个例子表明，在这种新的空间和它们开放的可能性的刺激下，各种形式的标志性建筑已经开始打破了装饰的束缚。

关于建筑秩序的最后一句话。中世纪早期的建筑变得更加抽象和机械化。这意味着，一方面，柱子和壁柱通常完全从立面和内部消失，而飞檐只在表面上停留，甚至柱也只在空隙中存在。另一方面，当柱子和柱状物仍然存在时，它们不再与经典的正典相对应：它们的柱头要么是简化的，要么是从早期的建筑中借来的，而柱鼓几乎总是取自古典的废墟。没有规律的进展或规则的比例。这个抽象的建筑秩序满足了"和

谐感"的需求。因此，墙壁表面的连接性使眼睛更容易接受。但即便是协调也变得更简单了；前部分的复杂性已经被机械重复性原则所取代。这是古典建筑柱式死亡的最明显的迹象。如果把五、六世纪的像篮子一样的柱头整合到比例相关和叠加的系统中，古代的装饰秩序将会继续存在。

但是这些原则在社会和经济变化的推动下逐渐被遗忘，旧的古典制度消失了。在更大的文化中心里，建筑师们仍能在构图、尺度和跨度方面创造出一些重要的东西，但却不能也不愿以原有的复杂程度来恢复旧的装饰系统。所以古代的秩序彻头彻尾地消亡了。

在这个简短的概述中，我们想重申，古代世界的建筑师，主要是根据最新的技术成果来建造坚固的建筑，然后再应用装饰。虽然古代的第一批庙宇并不以其装饰的华丽而著名，但在材料使用上的技术进步使建筑师得以完善其装饰系统。他们根据当时技术可能性建立了一个相对简单的结构框架，并在上面应用了没有结构必要性的装饰。后来，装饰系统变得越来越复杂，但所有这些建筑都有一个共同点：它们所添加的具有代表性的装饰形式与任何结构要求无关。雕琢丰富的墙身和三槽板、五花八门的柱头、基座和山墙装饰，浮雕和飞檐，都有其艺术意义，使这些建筑——即使它们是朴素的、世俗的背景建筑——也呈现出华丽而优雅的外观，并让它们有尊严地老化。换句话说，如果历史的反复无常导致一位老建筑师宣称装饰是不诚实的，甚至是犯罪的，那么在2500年前，就向纯粹的功能主义和没有"多余"细节的极简主义的转变是完全可能的。为什么这一转变并没有发生，但被推迟到这么晚，这是本书要研究的基本问题。

因此，如果地中海的古建筑不同于其他地区的当代建筑，那么这种差异就在于定义和定义地中海建筑的装饰和装饰的复杂的美学体系。在许多方面，建筑的演变是装饰结构框架系统的演变。这就是我们在这本书中要提出的论点，目的是要提醒人们注意现代创造城市环境的尝试的可疑性质——换句话说，构建和谐的生活环境的实用主义建筑——而不考虑这一命题。

图 1.7　伊斯坦布尔的圣索菲亚大教
　　　　堂：一个新体量和新空间的
　　　　雕塑，似乎不需要做进一步
　　　　的装饰

第二章

中世纪

中世纪是一个复杂的时期，有许多不同的看法。一方面，他们被描述为黑暗的、不文明的时代，以朴野荒蛮为特征（因而是"黑暗时代"）。另一方面，这是一个迷狂的虔诚时代，在各种各样的文化表达中，特别是在艺术领域，精神取得了对世俗世界的胜利。还有第三方面：这是现代西方文明萌芽的时期，是科学加速发展的时期，是进步的重要起点。所有这些东西也体现在中世纪建筑中，人们认识到它的蒙昧（或者至少是处于缺少知识和缺乏技能的阶段），在精神世界和技术进步方面却也不乏亮点。西罗马帝国业已衰落，没有立即接替一个具有同等地位的新政体，在拉丁语系地区，分裂和衰落之相，长期存在。而后果却并非完全负面。帝国一隅，个别城市，宣称了他们的独立性，并找到了危机的应对之策。他们照顾自己的利益，也不忽视与外界的联系。帝国东半部的情况则不同，帝国保留完整，国力尚可，被称为"罗马人（Rhomaioi）帝国"；拜占庭的名字（君士坦丁堡的原名）用得较晚。在这里，政治制度没有中断，希腊语文化也没有中断。

从公元7世纪开始，拜占庭陷入了一场持续到公元9世纪的危机。在此期间，帝国的蛮族邻居们，和阿拉伯的哈里发党共同策划将这块土地从地球表面上抹去。在生存斗争中，拜占庭发展出了肌肉与战斗精神，似乎这些与它的繁荣文化不相适应。野蛮化的过程中，艺术被忽视了。在这个过程中，装饰秩序体系遗失了——建筑体量变得更小，装饰也变得更简单。

然而，在10世纪，东罗马帝国经历了复兴，这种力量很快就在神圣建筑中得到了体现。拜占庭人开发了一种新的教堂的类型，叫做 croix inscrite（"内刻十字形"），在这个过程中，十字形空间的象征意义被增加了，将十字形的形状融入了九个单元的系统中，穹顶位于交点上方。极具象征意义的建筑是罗马式的：高耸的拱形屋顶以圆顶、半圆形或十字形拱顶的形式出现；一种浅底凹的壁龛系统，将教堂的"体量"从外部连接起来，甚至渗透到内部；抛光的大理石、柱身借用了古代的建筑细部，承担帝国首都君士坦丁堡

图 2.1　君士坦丁堡的圣索菲亚大教堂：拜占庭建筑师们找到了一个解决方案，从圆形的圆顶建筑过渡到其下方的平面，由此产生了今日雕塑建筑的前身

所有教堂的拱顶，建筑柱式融入其中 —— 有失重的非真实感。

拜占庭建筑可被认为是晚期建造者艺术的产物，是早期基督教建筑的延续。在拜占庭的建筑学中，我们看到了反复，精细化几何学从背景变成了一种惰性，没有明确的质量和简单的结构，但后来，在建筑中华美装饰与构造达成了令人难以置信的融合，壁龛、飞檐和独立柱等虚实交叠——形成了一种抽象的建筑秩序。

拜占庭向整个东方基督教建筑学派注入了生命，其影响或建筑原则可以在保加利亚、塞尔维亚、格鲁吉亚、亚美尼亚、瓦拉几亚和摩尔达维亚的建筑中发现。在这些国家里，这棵大树的枝条开始绽放。但是拜占庭本身有一个固有的缺陷，一个从内部掏空的缺陷，并对它的建筑产生了特殊的影响。因为它是中世纪环境中的一种过时的建筑，主要的危险是，藏在古罗马文化中的这个飞地可能会被包裹起来并被隔离在周围的蛮夷海中。这种隔绝同时产生了一种持续的恐惧感和一种文化优越感。这两种情绪导致了可重复形式的兴起，即拜占庭自身过去的不断重复。更重要的是，它的建筑中没有一丝傲慢；没有人渴望超越君士坦丁堡的圣索菲亚大教堂。在没有任何可能攀登更高的高度、获得更大的尺寸或更高的复杂性（也在装饰术语）的情况下，只有一条道路仍然敞开着，朝向精致的道路，这是一种高美学和艺术品质的道路，然而它却走得太过分自恋了。中世纪（9-12世纪）和晚期（13-15世纪）拜占庭建筑的最好例子具有自我崇拜和极端贵族主义的特征。这是一个英雄主义的自恋，是在与拉丁美洲的竞争背景下发展起来的，在那里，一些时间的力量已经积累起来，到了11世纪，已经足够强大到"超越"拜占庭，并在12世纪取得了一些成功。这些是手工、技术和智力进步的力量。

可以说是拜占庭建筑的发展吗？既可说是，也可说不是。虽然在一定程度上是有了发展，但它对建筑的质量和几何形式的处理并没有影响到它的装饰和设计和我们所关注的图像。飞檐，壁龛，以及整个壁龛系统这些东西主要是在君士坦丁堡发展起来的；尽管它们变得更加丰富，但发展在某种程度上是周期性的，并夹杂着简化的时期。强弱的交替循环是拜占庭建筑的整体特征。

最初是西方陷入困境。政治支离破碎，野蛮在各行各业中占据主导，它不再能够维持正常的文化发展，建筑也感受到了冲击。因此，西方世界被迫"忘记"它的文化价值；这反过来打开了创造新事物的可能性，并开始了一个新的开始，一块干净的石板。

寻找"黑暗时代"拉丁语国家的建筑（6-9世纪）并非易事。因为在某些地区，建筑受到拜占庭的影响，所以任何关于它的说法都同样适用于拜占庭建筑（例如，本尼文托的圣索非亚，公元前8年）。在其他地区，古典建筑的基本原则被保留下来（野蛮统治从来不是绝对的），但伴随着古典纹饰的简化和退化。这些精神种子存活了下来，但要么变得过于模糊，要么过于干瘪，最终沦为一种细节缺失的配方。这适用于西维戴尔的伦巴第教堂（8世纪），普瓦提埃的墨洛温王朝洗礼教堂（6世纪），以及西班牙北部的西哥特建筑。

所有这些建筑似乎尽可能地保留了建筑秩序的装饰，但一次又一次地表现出一种非自愿的简化，因为

图 2.2 加泰罗尼亚罗马式教堂的例子，装饰性稀少

建筑师不再知道任何更好的东西。

查理曼大帝的王国只拥有一幢非凡的建筑——亚琛的巴拉蒂尼教堂，建于8世纪和9世纪初，它表达了新帝国的野心，同时也对拜占庭式的模式表示敬意。众所周知，卡洛林王朝的教堂与拉文纳圣维塔莱教堂的结构相呼应，这是6世纪和查士丁尼时代大都市建筑的教科书范例。

过渡到发展的新阶段和增加的复杂性在西方中世纪逐渐发生，但是它的开始可以在10、11世纪的意大利、法国和德国同时观察到。我们所知道的是，它完全是基于小碎片和考古发掘，因为随后的12世纪的建筑文化阶段几乎毁灭了这种风格的每一个实例。

我们在12世纪找到了什么？一种新的、完全发展的风格，今天以罗马式的名字命名。这个词强调了它与罗马和古典城市建筑的联系。这些联系并不是在教堂的发展中体现出来的，也不是在教堂的形式中，也不是在十字架穹隆的连续性中，罗马式建筑似乎采用了罗马浴场和教堂，但主要是在返回系统的图形和装饰，装饰的外观和内饰，尤其是在建筑柱式的复兴。

后者以奇怪的形式复兴：有时作为一根超重的柱子，有时作为一根顶着柱头的柱子，有时作为一根斜靠在墙上的半柱。建筑柱式在许多方面都被简化了；柱子的直径保持不变，而柱头的形状是简单的，通常只不过是一个立方体，底部的圆角被舍弃。柱底也很简单，但它们代表了一种对表面和体积进行比例和装饰的方法，一种组织建筑物实体质量的方法，就像一张网抛在其上，帮助眼睛系统地感知结构中未驯服的部分。除了建筑柱式之外，罗马风时期还采用了壁柱：

在墙壁上呈阶梯状的浅突出的垂直壁柱，在平面图上形成层层叠叠的表面。包含半圆形拱和圆形拱形饰带，其末端搁置在小节点上，完成了罗马式建筑中使用的整体装饰系统的形像。

然而，罗马式时期为自己制造的特殊装饰秩序并没有随处可见。它在那些国家和地区繁荣兴旺，在这些国家和地区，必须重新改造柱式。在法国、西班牙、德国和英国，这些奇怪的、细长的柱子是中世纪第一个系统的一部分，在这个系统中，地面规划的合理性和由拱门系统完成的建筑体积，创造了一个几乎不合理的空间，代表着一种精神的隐喻。这些教堂，大部分是用石头建造的，在没有石头的情况下，很少一部分是用砖块建造的。这是他们最重要的目的，也是他们最具代表性的比喻。莱茵河流域的皇家大教堂，奥弗涅和普伊图的法国修道院，以及西班牙和英国的城堡都传达了中世纪西欧早期的、略显"压抑沉闷"的上帝概念。

除了这种纯粹的精神和同时在建筑和几何上复杂的建筑之外，还有一些零星的例子，展示了一种非常不同的建筑风格，一种更平静、更简单的建筑结构，以及对建筑秩序的更理性的处理。这种朴素甚至天真的反常对比（简单的箱形建筑，木天花板）和对古代建筑秩序的理解或复制的一种启示，说明了罗马式建筑在托斯卡纳和普罗旺斯的魅力。这些都是原生文艺复兴运动的零星表现。

原生文艺复兴是"伟大罗马式"的反义词之一。它的核心特征不是它的大小或复杂，而是一个简单的结合了丰富的材料和细致、高度精细的细节，如壁柱、

图 2.3　卢卡圣米歇尔教堂，主立面上多层装饰

立柱、柱础、柱头、雕刻带和飞檐。所有这些构成了建筑语言的词汇，以及复杂些的短语。11世纪和12世纪的纪念碑，如圣米纳托教堂。

在佛罗伦萨，阿尔勒的圣特罗菲尼，卢卡的福罗的圣米歇尔，构成了这场运动的亮点。

即使在13世纪，它也没有停止。与此相反，意大利的神圣罗马皇帝腓特烈二世的建筑——不仅是著名的德尔蒙特城堡的入口，而且是普拉托皇宫的入口——表明古代的建筑形式得到了积极的培育：这需要一个时代在理解细节和使用石头的能力方面的最大复杂性。保存了最大数量的古遗址的国家似乎已经承认自己珍藏的年代比其他任何人都要早。然而，这一预兆使他们无法理解中世纪出现的下一种风格，即哥特式。

哥特式风格几乎是在不知不觉中从罗马式演变而来，在其前身中萌发。它最重要的元素是尖拱和带肋的交叉拱顶，以加强结构。这些形式已经出现在罗马式建筑中，以哥特风格继续，在那里它们被改编成许多"细节"。这些细节的数量在建筑和装饰上都呈几何级数增长，在后来成为主导地位之前，这些细节基本上都是建筑的附属品。

哥特式风格在12世纪下半叶和13世纪末之间发展迅速。它的兴起是由于古老的早期长方形基督教堂发生了变化。这种转变试图证明世界和上帝的浩瀚，用神光淹没教会，传达来自天堂的想法。教堂建筑的规模扩大：拱顶的跨度增加了，但主要的动势是向上的。这种向天堂的努力得到了工程科学的帮助，哥特式建筑大师也是计算大师。技术和工程支持通过开发吊装设备和锻铁加固来实现设计者的计划，如果没有这些，想要得到理想的形式是不可能的。

墙壁和拱顶的侧推力被飞扶壁所中和，而在拜占庭开发的扶垛与哥特式时期的扶垛相融合，形成一种结构，该结构在保持开放外观时，建筑物内的侧向推力得以解决。肋骨在轮廓上变得越来越细致，呼应拱顶内部的力道。墙上只剩下一个由扶垛构成的屏风。反过来，它们又变成了一排垂直的支撑物，从中升起了拱顶的肋骨。窗户上的彩色玻璃窗嵌入屏风墙上。透过窗户的彩灯和漂浮着的充满张力的拱顶，给教堂内部增添了神秘气氛。或者反过来说，是神秘产生了这些形式和装饰元素。

在较小广度上争取更高的高度，证明有其局限性。14 世纪初，波韦斯大教堂的中殿和中塔坍塌，只留下唱诗班，曾达到了令人叹为观止的高度。没人愿意承认这一点，但哥特式建筑已经达到了技术极限。这种风格在德国、英国、西班牙和欧洲的其他地方，发展过程达到了一个半世纪到两个世纪。它传播到每一个地方，即使在法国也有至少是发展阶段的哥特建筑。如果说有哪个国家在建筑领域与法国站在一起，那就是意大利，在那里，哥特式风格很少以其纯粹的形式出现（比如米兰、锡耶纳和奥维托的大教堂）。更常见的是那些虽然有着哥特式拱门甚至拱顶的建筑，但它们的建筑要温和得多，设计合理，低调而理性。

这些建筑有飞檐、壁柱，韵律和节奏庄重，为文艺复兴奠定了基础。在欧洲建筑丰富多彩的世界里，这些不知不觉的准备工作被忽视了。

在波韦斯大教堂之后，哥特式建筑师不再试图超越自己。在找到一个新的方向之前，洪流慢慢变为细流：焦点从结构转移到绘画和装饰上。建筑师开始了系统的努力，以达到在现有的形式，尤其是尖顶拱和肋拱顶的最大程度的复杂程度。他们建造了网状拱顶、细胞状拱顶和星空状拱顶，创造了戏剧性的幻象，争取外在的、象征性的效果。而实现这些效果需要对工程的扎实把握。法国在波韦斯之前哥特式运动的先锋队，保留了它的发明精神。但在这里兴起的哥特式风格在英国、德国和西班牙独立地重新诠释。这种风格行经了欧洲，在主要的文化中心形成了或大或小的漩涡，尽管它现在偏离了高度上的极端性，以拥抱更复杂的装饰和细部，甚至偶尔仍然要体现极端的长度。今天，这给我们带来了某种风格上的超越，即将到来的艺术的死胡同的标志。然而，人们并没有承认此路不通。我们也可能想知道，如果一种风格能用这样的信念来塑造或再现精神，那么如果建筑和装饰对精神有很好的比喻，就有必要谈论衰落。即使风格已经停止争取超级大的维度。

但衰退即将到来。它在所使用的技术的穷尽和寻找新形式的困难中显露出来，这导致对已开发的元素施加无限的装饰。因此，虽然能够产生某些新的变异，但不可能在新的方向上有所进步，或者为新的目标提出新的设想。高大的柱子或复合扶垛，像蛛网一样在复杂的基础和同样复杂的柱头之间伸展（尤其是在门口），与高大的尖顶窗户和哥特式建筑中的带肋拱顶结合在一起，创造了一个几乎注定要毁灭的世界。它的反古典主义是健康而稳定的。这种反传统的推动力是激进的，但它对古代和谐整体的轻蔑产生了一种新的、对话的和谐，它唤起了古老的和谐。正是这种可能性反映了古典建筑佳

图 2.4　罗马式和哥特式的混合对加泰罗尼亚建筑的影响

图 2.5 奥尔良的圣克鲁瓦大教堂在 17 世纪以华丽的晚期哥特式风格重建和装饰

图 2.6 锡耶纳大教堂，用白色、绿黑色和红色大理石装饰，曾经是锡耶纳共和国的主要教堂，是意大利哥特式风格中最显著的一个

图 2.7 马略卡岛帕尔马圣马利亚哥特式大教堂：
门上的装饰

作对哥特式风格的致命影响。旧的体系要想重新复活，所需要的只是对形式和比例的否定。

哥特风格是我们第一次充分观察到杰出的标志性建筑——主要是宗教建筑——在所有建筑中所占的比例远低于 30%，而其余的建筑则致力于民用、军用和工业用途。虽然我们对早期时代有相当多的了解，但哥特时代存留了大量的建筑，以至于许多城市环境的世俗建筑得以幸存：整条街道、一个街区，甚至是城镇依然屹立不倒。

我们分析的主要问题是标志性建筑和日常建筑之间的关系。这种关系在风格上和数量上都是显著的。从风格上讲，总是那些标志建筑的标志性，因为它们展示了最复杂的形式，尤其是为这些建筑而发明的。它们反映了今天我们称之为时代精神的东西。

在古代，神庙在建筑界占有绝对的地位。宫殿从表面上看试图效仿它的意义，然而罗马帕拉廷遗址上的废墟却没有传达出令人信服的印象。诚然，这可能部分是由于它们保存的不良状态。然而，事实仍然是，神庙占据了古老的标志性建筑的榜首，其次才是宫殿、陵墓、剧院、圆形剧场和廊道。这就是标志性建筑的定义：在创造城市的艺术亮点方面，它必须具有内在的重要性和工具性。这些建筑周围都是一堆建筑的海洋，这些建筑是世俗类型的：住宅区，包括房屋，酒馆，以及市场大厅，也在试图模仿标志性建筑的形态。再一次，我们看到一个明显的例子，低对比的和谐类比，相似的和谐。当简单的建筑模仿与众不同的建筑时，世俗建筑很难接近神圣的品质。更广泛地说，一个住宅区或一个别墅的庭院可能具有非常漂亮的柱子，

即使它们没有使建筑变得特别。建筑秩序作为一种装饰性原则逐渐渗透到大众建筑中。值得注意的是，古建筑的标志性建筑与它的同类建筑之间有着非常密切的风格联系。

罗马式建筑产生了宫殿和房屋，揭示了神圣的（标志性）建筑的无可争辩的霸权，为民间建筑提供了类似的细节，如圆形拱形窗户、锥形窗户、半柱、拱形和双层窗户。哥特风格也是如此，尽管在宫殿、市政厅、修道院和住宅建筑的发展过程中，世俗建筑不仅使用了为标志性建筑创造的装饰和结构形式，而且还在大规模建筑（半木材房屋就是其中一个明显的例子）和神圣建筑之间的过渡地带提出了自己的通行做法。世俗建筑展中最好的例子是与教堂里的大教堂相媲美的建筑风格和优秀的施工质量。

因此，在哥特时期，我们看到了建筑的完整或几乎完整的谱系。它通常被描绘成一种等级制度，是由位于中间、在风格上具有影响力的神圣建筑，以及代表底层乡镇和城市的、实用的、普通住宅和商业建筑。精英"顶级"建筑，换句话说，就是标志性建筑，占建筑总量的比例不超过 5%。另外 25% 是由具有明显风格特征的重要建筑组成的。剩下的 70% 是由传统形式衍生出来的大量建筑。这是民间传说、传统和手工艺的王国。尖窗和肋形拱顶确实找到了通往这种大规模建筑的道路，但很少，而且几乎总是因为从"宏伟风格"借用的一种形式会在没有任何有意义的功能的实际建筑的中立背景下产生不同的效果。在任何情况下，它们的外观主要由它们裸露的半木框架、简化的装饰元素和朴素的墙壁决定。由于这些因素，背景建

图 2.8　在中世纪的根特，幸存在一个美丽的保存状态，占主导地位的建筑作品和日常建筑从不同的时代相结合，形成一个和谐的类比

筑被认为是大量的、精细的、占比达七成的建筑；而标志性建筑提供了城市景观的特色。

我们从三维来感知哥特风格。我们相信，我们理解它的"信息"，它既指向当时的人们，也指向我们。我们喜欢它的石头和砖块的形式，所有的张力，我们喜欢思考和神秘。结果，哥特式的正式语言——尤其是它的装饰性——在建筑史上复兴了好几次，特别是在18和19世纪。

当我们意识到整个哥特式建筑和装饰体系一下子被彻底摧毁的时候，这种感觉就变得更加强烈了。随之而来的是建筑学第一次试图将时间倒转到古典时代。

在这一点上，有必要指出，这一章可以很容易地用于研究类似情况下的建筑，例如，欧洲入侵前的南美洲或彼得大帝之前的俄罗斯。这些自主文化建筑形式差异的基本共性是：在从简单到复杂的结构模式的变化中，伴随着装饰的愈加精细化。我们在这里所采用的观点可以应用于任何建筑传统的研究；它不止在西欧有用。我们选择了把重点放在罗马式和哥特式风格的演变。在西欧，建筑由于其意义在随后回归古典遗产，这催生了一个新的国际风格，迟早征服高度不同的国家文化和建筑的传统。

从罗马式、哥特式建筑发展的过程伴随着装饰的独特系统的发明，如果哥特式纪念碑胜过它们的罗马式前辈的意义（假设"意义"表示他们的文化贡献的大小），这是因为哥特式制度更完善和完美。不仅在结构件，也在主要的装饰。帕尔玛·马略卡的圣玛丽亚大教堂被认为是最伟大的哥特式教堂之一，也是最具结构的建筑之一，但我们更关注的是兰斯、亚眠和夏特尔斯的同行，因为他们在装饰的部署中达到了更高的完美境界。

它是一种新的装饰系统，它完全是独立于古代先辈们的设计的。它与古代若有着共同之处，就是装饰与功利目的完全分离。建筑物的建造或目的的功能完全无法解释这些现象，如彩色玻璃窗的分缝面、立面上钟乳石一般的造型，或者是原始的排水沟上方的嵌合体。

在哥特风格的区域表现中，例如在塔林，我们看到了一种更经济，更优雅的对装饰和对建筑结构元素的态度，用今天的美学标准来描述是开放和诚实的。但我们不会把这些特点当作质疑这些遗迹比法国、意大利北部和德国的高哥特式建筑更简单、更不完美的理由。我们可以欣赏塔林的圣奥拉夫教堂（Oleviste kirik）的极简主义，但如果不强调其形式的极简主义和与此同时的建筑暴露，我们就无法将极简主义、"诚实"的设计视为质量的标志。如果我们关注的是过去相对遥远的时期，那么我们这么做的原则是：最复杂的事情，是最值得认真研究的事。有人可能会说，在建造纪念性建筑的过程中，装饰与结构一样重要。然而，在对其质量的评价中，在欣赏其精巧性和在风格层次中的地位时，装饰可能比建筑物的结构，甚至其空间组成都更重要。

图 2.9　马略卡岛帕尔马圣玛丽亚大教堂，又称拉苏，是世界上最
　　　　大的哥特式教堂之一

图 2.10　亚眠大教堂的内部说明了各段装饰元素之间的关系：祭
　　　　坛、画廊、彩绘玻璃窗、细长的半柱

第三章

文艺复兴和巴洛克

文艺复兴是第一个完整用石头记录时代的时期。作为一种文化，文艺复兴试图从整体上回溯经典，复现古代的点滴细节；此时期的建筑里，并非只有模糊记忆，而是有准确详实的建筑柱式、柱列、门廊和山墙，有新的和谐的建筑体系，古典得以复兴来制衡哥特系统。已被遗忘的古希腊和罗马的装饰系统得以完整复原，并以崭新的面貌示人。

在哥特式（其名取自野蛮部落）中，建筑师，乃至整个文化，都发现了一个代表着野蛮和混乱的敌人。文艺复兴超越了哥特式，汲取了古典精华，唤回了古代记忆，使经典设计原则重现生机。这种新风格一开始就有很多支持者：收藏家、学者和艺术家。从布鲁乃列斯基（Brunelleschi）的第一个英雄创举开始，他从佛罗伦萨行至罗马，研究古代遗迹。对新风格的探索类似于一种考古探险。首先参观、测绘的历史纪念性建筑——无论考古遗址已变得多么杂草丛生、土匪横行或人迹罕至；而当要建造一座新建筑时，就参考古代遗迹中的纪念性建筑。有很多东西得以重新发现：凯旋门、圆形剧场、宫殿和神庙。所有的东西都被塑造成新城的一部分——宫殿、基督教礼拜堂、城门、市政厅等等。然而，从古代遗迹中借用构成原则，虽然重要，但又并非文艺复兴时期建筑的关键。

最重要的元素是柱式，半柱本身成为一种浮于墙体的表现系统，体现为受力的结构可视化视觉表现。建筑柱式从古代遗迹中提取出来，总体上恢复了古代风格。柱子好似在承重，彰显了传力网络，在视觉上被刻画，但其实没有任何实际的技术意义的承力功能。柱系统取代了被认为不太和谐的中世纪或哥特式的装饰。似乎从那时起，关于和谐的衡量标准就是对古典时代的理解程度。因此，任何一个对古建筑和它们的残留遗迹有很好的理解的人，理论上都能创造出这种新获得的风格的新构图。然而，事实情况却大相径庭。

在意大利，文艺复兴的发展就像一系列的波起浪涌，后浪推前浪，直到推到了艺术洞察力的波峰。而波峰的代表，就是发明新理论来解释旧事物——波谷里没有这样特别的发现。15 世纪下半叶，布鲁乃列斯基（Brunelleschi）重新发现了古老的柱式，创造了许多新类型的建筑，包括小礼拜堂，它以中心性平面为核心，以和谐为主题，以物质的缓慢循环流动为主题，表现出最高水准的平静宁和。在布鲁乃列斯基（Brunelleschi）之后，意大利没有其他城市能够与佛罗伦萨（即这种风格的发源地）相提并论。米开罗佐（Michelozzo）、阿尔伯蒂（Alberti）、博纳多·罗西里奥（Bernardo Rosselino）、朱利亚诺·达·桑迦洛（Giuliano da Sangallo）和克罗纳卡（Cronaca）都曾经在佛罗伦萨工作，或者至少是来自于佛罗伦萨。将上面提到的一位建筑师的建筑与蓬特里的作品进行比较，就足以看出在这个时代，佛罗伦萨是世界的建筑中心。15世纪晚期的威尼斯建筑师们或许可以这么说，他们采用了一种返璞归真的"风格"（最重要的是他们保留石头纹理的特殊工法），但本质上并没有什么全新的东西。

早期的文艺复兴，主要是佛罗伦萨人，还没有制定任何明确的规则；相反，对古代和施工方式的看法仍然很大程度上是基于直觉的。布鲁乃列斯基（Brunelleschi）和米开罗佐（Michelozzo）的建筑秩序有一种既原始又新鲜的外观，它是由艺术家而不是科学家创造的；这是复兴古代文明的第一次尝试。阿尔伯蒂（Alberti）则是第一个开始重建它的人——然而，这并非是完全谨严的。

整个文艺复兴时期充满了违规、错误、好奇和失误，然而所有的这些事情都是饶有趣味的艺术革命，明确的形式、和谐、平衡，这个时代恰若笼罩着15世纪绘画和壁画大师所描绘的那乡愁弥漫的色调。这是一种"青春不经"的风格，其间忧郁无处容身，小错大可原谅——就像今天一样。

直到16世纪初，佛罗伦萨的建筑才在罗马教廷获得了一种新的品质，它的特点和灵感来自于空间宽敞、充满力量和无限可能。在很短的时间内，多纳托·布拉曼特（Donato Bramante）、拉斐尔（Raphael）、安东尼奥·达·桑加洛（Antonio da Sangallo）、巴尔达萨瑞·佩鲁济（Baldassare Peruzzi），最后由伟大的米开朗基罗（Michelangelo）创造了后来被称为"高度文艺复兴"的建筑，在这里，宁静平和的最初想法让位给新的意义和用途——作为一种势大力强的建筑风格，它已经完全（或几乎完全）成为帝国的象征。16世纪上半叶，文艺复兴建筑逐渐扩展到其他地区，产生了一系列新的建筑师。在16世纪的后半叶，又出现了过渡阶段，在意大利北部地区的维纳拉和朱利奥·罗曼诺"迅速崛起"。安德里亚·帕拉迪奥和加利亚·阿莱西则仍然属于"宁静平和"的世界，比随后的倾向，更接近于鼎盛时期的文艺复兴风格。

意大利文艺复兴早期追求视觉上的赏心悦目，在其诞生地佛罗伦萨和伦巴第得到理解和推广，威尼斯人将它远播到国外，我们可以看到在德国、匈牙利、波兰、最后在莫斯科的克里姆林宫里也有文艺复兴作品。也许这种语言还不够普适，因此难以学好。盛期文艺复兴是一个更有序的系统，其他国家的建筑师在尝试学习和应用它的建筑语言。法国的乐斯科特（Lescot）和德洛姆（Delorme），以及西班牙的胡安·德·埃雷拉（Juan de Herrera），都尝试着使用柱式设计，用的是叠柱式，有比例和柱头。他们深入研究了柱式的世界——越来越多的人把它写成著作——

图 3.1　佛罗伦萨的圣玛丽亚·诺维拉教堂：莱昂·巴蒂斯塔·阿尔贝蒂（1470 年）设计的立面展示了卡特罗琴托的装饰结构

构建一个细节和谐的世界。古代似乎又回来了，被彻底地重新探索过。建筑师的幸福秘诀现在看来是系统地学习古代建筑，包括它的构图规则和表达技法，然后加上他自己的灵感和天赋，创作新的组合和形式，进一步发展建筑秩序系统。于是，他就有了这样的信心，可以为建造既宏伟又和谐的新建筑做出设计了。

然而，这一新风格也内含了毁灭自身的种子，最初并没有引起注意。只有米开朗基罗（Michelangelo）本人，才让这些力量发挥作用，因为早在 16 世纪中期，他就开始着手改变和谐的立面、清晰的几何关系、柱式与柱头的构成等古典原则。可能是因为雕塑的力量刺激了建筑，或者因为，大师和他的学生们在罗马晚期的建筑中看到了一些东西，启发他们去尝试那些栩栩如生而波澜诡谲的古典形式。

然而，我们很可能看到这里，建筑师屈服于复杂性和不规律的诱惑。在这段时间里，圣彼得堡的小礼拜堂和圣彼得大教堂都是和谐的，在他们的宏伟的宁静中，人们对美丽的理解是很简单的。而全新的风格，是一种脆弱的美感，一种对庄严的不稳定性的直观感知，以及对美的怀疑。

从上面所描述的所有例子中，我们可以看到，每一种风格，总是从一种直觉的早期阶段开始，迎来欢快宁静的高潮，继而续之以矫揉造作，并最终导致整个风格被荒弃。

然而，这一废弃，并不意味着后天获得的风格不能在以后为某些建筑群的设计而复兴。这是以前发生过几次的事情——用哥特式的装饰词汇，甚至更频繁地用古代的设计系统。

人类似乎是在收集一个宝藏，里面有各种各样的装饰方法，并且会时不时地把它们拿出来，这样它们就可以用它来表达建筑物的外观，并用细节来修饰建筑。

巴尔托罗梅奥·阿曼纳蒂（Bartolomeo Ammannati）、博纳多·波翁塔伦蒂（Bernardo Buontalenti）以及费德里科·祖卡里（Federico Zuccari）都追随米开朗基罗（Michelangelo），但他们在米开朗基罗（Michelangelo）脆弱的平衡中加入了一个悲剧性的音符，营造出一种深沉的、蒙着怪诞面孔的建筑风格。柱子似乎是坐落在关节上，波浪在这里和那里形成；建筑表面荡漾着颤动，而夸张的比例、意想不到的阴影和雕塑般的"侵略"似乎迫使我们把这种危机下的建筑物解读为一部"文学作品"。然而，这场危机并不是对美的否定，而在于对美的怪诞和悲剧性的解读。

许多欧洲国家直到6世纪下半叶才"学会"文艺复兴时期建筑的语言，因此在采用"盛期文艺复兴"风格的同时也采用了"矫饰主义"的风格。在荷兰和英国，这两股思潮交织在一起，人们甚至开始谈论北方风俗，尽管这两个国家在瞬间进入了危机时期，而没有经历过一段相对宁静的时期。这种奇特的装饰语

图3.2　在罗马的圣彼得教堂，梵蒂冈主教堂：几代伟大的建筑师致力于它的设计

图 3.3 佛罗伦萨的圣玛利亚德尔菲奥雷大教堂是佛罗伦萨的夸特罗琴托最著名的纪念性建筑。它的建筑和装饰从 14 世纪一直延伸到 19 世纪。只有建筑历史学家才能区分钟楼 [乔托（Giotto），1348 年]、圆顶 [布鲁乃列斯基（Brunelleschi），1436 年] 和主立面 [埃米利奥·德·法布里斯（Emilio De Fabris），1887 年] 之间在装饰上的区别

言基于柱式，有一定的自由，这种自由允许不可修复的东西，与哥特式不时地混合在一起，出现了一系列建筑。意大利人对此毫不在意，而其他一些国家，则在脑海里酝酿着意大利的建筑，在他们的自由发挥中，建筑逐渐完善了构图和装饰的语言，发展了新的建筑规则变体。这种做法在一些国家一直延续到 17 世纪的前 30 年。而这种装饰风格直到 15 世纪末才出现在俄罗斯，并成为所谓"纳什金——巴洛克"的纪念碑。

16 世纪末，我们见证了古典建筑柱式的最终胜利。教堂、柱廊、城堡大门、普通的房屋越来越多地具有同样的特征：建筑的承重部分被表现为柱架或柱子，它们所支撑的元素被表现为飞檐。它们将立面上的平衡与和谐转化为室内的装饰风格，在许多变化中都能找到新的风格。如果某栋建筑的业主认定它不符

格逐渐变得简单，而最简单的房子位于城市的边缘、遥远的省份，或在城堡的墙上。如果我们把建筑作为一个整体来寻找风格统一，我们就会发现所谓的类比的和谐，所有类型的建筑，从最宏伟到最简单，都表现出相似的设计构成关系。与此相反的是，我们今天突出建筑与周围安静的环境形成了鲜明的对比。这种和谐，达到了哥特时期从未存在过的规模：而后者确实发现在日常体系结构和实用与特定类型的建筑，如堡垒、谷仓、半木结构房屋，似乎没有什么地方采用了真正的哥特式原则做正式设计和装饰。哥特的原则也只在一些特征细节上显现出来——比如窗口或门户的形状——这些都在中性的背景建筑中出现。而在文艺复兴时期，这种中性是罕见的：几乎在任何地方，我们不仅能找到文艺复兴式样的入口和窗户，而且还能找到飞檐、壁柱（有时是没有上下部分的壁柱条）和被加以强调的基座。和谐与对称的规则，古老的巨大的对称性，在整个欧洲获胜，以至蔓延到欧洲的海外殖民地。

文艺复兴建筑，是空前而非绝后地以古典再生形式出现的，它是通过对古代遗迹的研究和测绘，通过再版建筑学的古典论文，通过对现存的古代建筑的修复而发展起来的。从哥特装饰原理 [布鲁乃列斯基（Brunelleschi）的圣玛丽亚·德尔·费雷和阿尔贝蒂

合新风格，他们就会命令将其立面外"皮"换成另一个。现在，许多教堂、宫殿和房屋都用源于古代的形式取代了哥特式的窗户和立面。通过这种方式，许多建筑物被"翻新"。这是一个人们开始把建筑和时尚等同起来的时期。

也是在这个时候，新的体系结构与等级制度建立起来。这种风格弥漫了所有类型的建筑：从教堂开始，宫殿随后，站在最高的层次结构的30%，地方教会风

图 3.5 维琴察广场：右边是安德烈·帕拉第奥（Andrea Palladio）的第一座主要建筑——巴西利卡大教堂（1546-1549 年）；左边是他的卡皮塔纳塔宫（1565-1572 年）。为了教堂，建筑师改造了中央广场上的市政厅，即 13 世纪的德拉罗甘宫。在主楼周围，他以两层高的圆柱拱廊的形式建造了许多画廊。这使这座教堂具有了一幢引人注目仪式性

图 3.6 在罗马威尼斯广场的外观是由古典和巴洛克式的建筑，其不同的装饰，构成了令人兴奋的对话。这是对比和谐的早期例子

（Alberti）的帕拉佐的宫殿中仍有残留］过渡到古典装饰风格时，楼层数量的增加也同时出现，功能发生了变化，我们只需要回忆起帕拉奇的出现，有了多层楼，还有大量的多层市政建筑例如维琴察的帕拉迪纳大教堂，建筑技术也取得了进步。

人们可能会认为，文艺复兴在将古代遗产与当代功能融合过程中发挥的最重要的作用，与其说是在重建古代立面和内部结构，不如说是在利用从古代借鉴的装饰原则来管理新功能，阐明新的、更大规模的建筑，使它们取得人性化尺度的机会。这样，新鲜的装饰元素就不可避免地出现了，它们的目的是将当代城市建筑的尺度与古典装饰的成就结合起来。这就是维琴察帕拉佐·帕布里科宫正面的帕拉第奥窗（或拱门的主题或图案）和罗吉亚·德尔·库塔纳托（Loggia del Capitaniato）的巨大柱式的原因，这一柱式的目的是要穿过一座多层建筑，并具有单层神庙的装饰。

在 20 世纪上半叶，建筑师们面临着同样紧迫的任务，因为建筑体量的飞跃发展必须与古典装饰相协调。罗吉亚·德尔·库塔纳托（Loggia del Capitaniato）的建筑，柱子贯通房子的表面，而不论其实际层数。在这里，具有适应能力的伪古董遗产被证明是有用的，而且几乎被普遍应用。

在 17 世纪晚期，意大利再次出现了一种新的风格：巴洛克风格。它与文艺复兴的建筑形成了双峰对峙，文艺复兴指定了某些形式和真理，就像巴洛克所宣称的那样，巴洛克本身也有许多形式和真理。因此，这两者争论不休，巴洛克风格可被视为一种有争议的风格。它在罗马出现，被视为矫饰主义的后嗣，在耶稣

教堂中，波尔塔改变了维尼奥拉的原始设计，从而使其在高度上产生了隐含动势，立面"支撑"采用了更复杂的节奏，采用了一套复杂的秩序，等级、规则和对称占据了上风，内部与外观之间不是没有冲突，而是依赖于矛盾的和谐。

新风格包含困难繁复、绝不平稳的节奏，着重强调的体量以及富于跃动的复杂几何结构。它所运用的几何学是这样的：文艺复兴时期，人们喜欢清晰的图形，即使不是简单的图形，如圆形、正方形、十字和矩形，也都油然而生一种平衡感。相比之下，巴洛克风格则采用了更为复杂不安稳的形式，其中一些形式在文艺复兴后期就已经进入建筑师的手法库里：三角、椭圆或叠置的平面，辅以半圆座席、曲线壁龛、复合墙壁、倒角过渡和邻接双翼。在城市建筑、广场规划和景观建筑中也能发现了这些形式。

半露圆柱、门侧壁柱、立面皱褶、镶边转角，含弧形或三角的平面——所有这些都是为了再现运动，以体现一种感觉，这种感觉的作用是赋予建筑秩序以灵性。这一运动首先是由宗教情感和信仰推动的。这种信仰的复杂性开始体现在建筑形式中，使建筑得以产生动感。这种宗教的"动感手法"后来也运用到宫殿和公园里。但起初，复杂的巴洛克风格还只是应用于神圣的建筑。

巴洛克对建筑秩序做出了非常认真和彻底的探索，研究了存在于古代作品和前人想象之中的细节。然而，它并没有努力再现古典艺术手法之精妙，而是受到自身创造力的启发。巴洛克艺术的力量——似乎也包括它的意义——在于对不断创新的形式和组合进行调整：

图 3.7　巴尔达萨雷·隆赫纳（Baldassare Longhena）设计的圣玛丽亚·德拉教堂在向威尼斯致敬：他对雕塑作品的自由处理是威尼斯巴洛克风格的最佳范例

图 3.8　建筑幻想：想象力呈现的圣母教堂，德累斯顿最著名的巴洛克式教堂（右）

双曲面圆柱、墙面雕刻、曲面壁龛和叠置墙面。所有这些试图创造丰富的形式以及适时表现出克制的能力都曾在罗马有过先例。罗马的两位建筑天才吉安·洛伦佐·贝尔尼尼（Gian Lorenzo Bernini）和弗朗西斯科·博罗米尼（Francesco Borromini），在整个 7 世纪（如果不是更久的话）仍然是巴洛克风格研究的中心。在意大利其他城市所做的事情都代表着进一步发展罗马最重要的原则的尝试——在某些情况下是非常有效的，例如都灵的瓜里诺·加里尼（Guarino Guarini）和威尼斯的博德萨斯·隆格纳（Baldassare Longhena）。

与此同时，那些从罗马学成归来的人之间出现了一种"竞争"，现在他们把自己与罗马建筑师相提并论。最初，法国人成功地建造了巴洛克式的教堂和宫殿，但把它们隐藏在古典主义的外衣之下（但凡尔赛或瓦尔·德·格雷斯教堂不适用），后来是德国人和奥地利人。然而，直到 1700 年左右，罗马建筑几乎影响了所有人。

17 世纪过渡到 18 世纪的进程中，巴洛克的一种变体——巴洛切托出现在罗马，它将博罗米尼 17 世纪中期的建筑的自由和复杂性，转化为罗马小教堂在圣约纳齐奥广场上的变幻莫测的复杂性。在这里，正面形成了一种"波"，它由凹面和凸面组成，变得越来越复杂和复杂。这个变体显示了一个发展的方向，这个发展在罗马本身繁荣了一段时间，然后消失了。但在西班牙、葡萄牙、奥地利、德国南部的立陶宛公国（带有维尔纽斯巴洛克风格），以及南美和中美洲的城市（如墨西哥），它留下了强大学派，"讲"着他们自己的方言。

巴洛克剧场艺术具有一种特殊的性质，这种艺

图 3.9　墨西哥城的巴洛克大教堂，从孔斯蒂图西翁广场望去：在这里，金字塔
　　　　的废墟和阿兹特克城的运河上出现了一种新的美学

术接近于幻觉主义的墙壁绘画，即教堂和宫殿的"弯曲"立面，以及复杂的城市和景观构图。这种艺术将巴洛克艺术带入了神秘的领域，它赋予了本已"起伏"、"动人"的风格一种神奇和精神上的感觉。来自比比纳家族的艺术家创造的世界变得越来越复杂，每十年就会变得越来越轻，直到它看起来几乎没有体量。巴洛克建筑梦想中缺乏体量，成为充满想象力的一种原型：早期的古典学家乔瓦尼·巴蒂斯塔·皮拉内西（Giovanni Battista Piranesi）、皮埃特罗·冈萨雷斯（Pietro Gonzaga），甚至是最典型的古典主义者约翰·索恩（John Soane），都是透视法和外皮形态建筑

的创造者。与此同时，这种缺乏体量感和它充满活力的特点，在博罗米尼、瓜里尼和拉古奇尼的作品中突出了巴洛克风格所反映的真实的繁荣。

我们应该在这里强调巴洛克没有绝对的自由。尽管这种风格有许多变体，尽管它的外墙是起伏的，它的轮廓更加反复无常，和它的平面更加复杂，但它仍然是古典传统的。这就是为什么没有人试图去逾越对称法则，巴洛克式的建筑都是对称的。巴洛克风格所做的为数不多的自由之一，就是拥有参差不齐的柱数和均匀的柱间空间（这严重破坏了古典寺庙清晰的形象，那里总是有偶数列和不均匀的柱间）。然而，这一

图 3.10　威尼斯的圣莫伊西教堂。最初建于 10 世纪，1668 年被重新设计成宏伟的巴洛克风格［建筑师：亚历山德罗·特雷米尼翁（Alessandro Tremignon）；雕刻家：恩里科·迈耶林（Enrico Meyring）］

突破似乎只在大体量建筑物两侧的前亭中才显现出来。巴洛克风格从不混淆古典的上下级别，与古典乐章一起演奏。这样的处理可能是危险的，但它们仍然不失为一种手法：有时一个细节会被放大，直到它不再成比例，而另一个在体量和意义方面将会缩小。建筑秩序是畸形的，但并没有被废除。对视觉外观的规定发生了变化，但并没有否定这些规定。

　　巴洛克时期表现出来的不完全否定也意味着它的死亡。人们刚开始说巴洛克建筑是一种丑陋的扭曲（而且没有任何理论依据），这种风格的脆弱性显而易见。此外，

尽管这不是明显的巴洛克式建筑的外观，建筑师继续研究古典的纪念性建筑。巴洛克几乎忽略了对古代考古学的兴趣，取而代之的是居住在它自己的独立世界里，而忽略了古典秩序中日益增长的内部世界。这也是早期对巴洛克风格加以排斥的另一个原因。当学者和普通人开始把他们对古建筑的知识集合起来，形成一场运动，探索不断更新的柱头和壁画，并不断寻求新的考古见解时，巴洛克被抛在了后面，新一代的建筑师急切地抓住机会，发现了建筑遗迹，而到目前为止，人们还没有完全接触到这些建筑。北欧发展了自己更为克制的巴洛克风格，

图 3.11 罗马圣彼得广场的柱廊——建筑师乔瓦尼·洛伦佐·贝尼尼（Giovanni Lorenzo Bernini）的作品——将建筑平面图中的巴洛克椭圆形线条与夸张尺度的古典主义元素结合在一起

图 3.12 布拉格的巴洛克式的幻想：巴洛克风格，在雕塑主导下，融入了哥特建筑形式（右）

这在其新教教堂中是显而易见的。把这种风格称为新教巴洛克也许更正确，但它被赋予了一个地理的，非宗教的称号，被称为北欧巴洛克风格。在这里，罗马巴洛克风格的装饰和表现手法——通常是无意识的——恢复了规律性、明确性和秩序。在荷兰北部的这些特性的应变欧洲巴洛克古典风格，但就像法国的路易十四风格的只不过是一个术语的混乱。这一北方的巴洛克风格绝对不是最初的古典主义，因为它继续表现出一种情绪和一种相当紧张的旋律以及装饰性的旋律。所有这一切发生在一个更加严峻的环境，在规则的干燥气候中，精度和克制。荷兰、德国北部、斯堪的纳维亚半岛的建筑体现了宗教改革的精神。彼得大帝出于对荷兰的热爱以及他与瑞典的竞争在 18 世纪的前 30 年，找到了俄罗斯本民族的发展道路。

巴洛克风格在不同的国家以不同的方式走向终结。这种风格在 18 世纪中期被法国和罗马的学术艺术界驱逐；在法国巴洛克立即被新古典主义建筑风格所取代，而在罗马教皇，当时实际建造不多，并非建筑本身，而是建筑图纸采用了新古典新风格。在德国、奥地利、西班牙和俄罗斯，巴洛克风格直到 18 世纪 70～80 年代，才突然在法国以及罗马的艺术家圈子〔首先是皮拉内西（Piranesi）和乔瓦尼·保罗·帕尼尼（Giovanni Paolo Panini）〕的压力下屈服了。

巴洛克式建筑的出现象征着整个欧洲艺术融合的原则。在过去，建筑师们无法与雕刻家们一起为他们的柱廊设计外形、雕塑和浮雕，他们依靠画家来创作壁画，巴洛克风格的建筑，也许是第一次，实现了雕塑和绘画的统一，在所有的方面都有"影响"。质量、体积、建

筑秩序、雕塑和绘画都集中在一种动态而神秘的艺术构思中。对这一时期的怀旧，对艺术的综合，被认为是现代主义风格建筑的基本原则。我们知道的是，一些具有传奇色彩的艺术作品被融入到建筑里，甚至整个建筑都是为了艺术而设计的，比如，墨西哥壁画家的墙上和顶棚的画作。在苏联，在充分成熟的意识形态的支持下，借用过去对现代社会主义艺术实践有价值的东西，这导致了建筑与"不朽艺术"之间的蓬勃合作，后者甚至在艺术家协会中有了自己的组织结构。如今，当我们回忆起20世纪80年代在列宁格勒的艺术学院时，我们笑了。当时，作为圣彼得堡皇家艺术学院的继承者，一名建筑系的学生正积极地用红粉笔画出棱角分明的现代主义设计。他难道不会认真地勾勒出一幅拼贴的雕塑，或者是在正面矩形区域的褶边，预计到严肃的教授会发问：艺术领域的综合体现在哪里？

事实上，巴洛克艺术是第一次真正创造了令人信服的艺术综合的例子，因为那是一个建筑在没有任何功能理由的情况下将自己转变成一个雕塑的时期，建筑师第一次被视为既是艺术家又是雕塑家。巴洛克风格是由雕塑家米开朗基罗（Michelangelo）发明的，这不是巧合，佛罗伦萨的图书馆里的楼梯被设计为一尊流动的雕塑，他将雕塑和建筑放在卡佩拉·美第奇（Capella Medici）的建筑中。巴洛克风格建造了第一批雕塑建筑，成为我们欧洲城市前30%里的佼佼者，它们与古典环境截然不同而和谐共存。我们怎么能不惊讶于古罗马广场上的安东努斯·皮乌斯和福斯蒂纳古庙与巴洛克式玛丽安教堂和图拉真记功柱之间矛盾动态的对比？

第四章
古典与复古

大约 18 世纪中叶，在累积了大量罗马帝国遗迹知识基础上，考古学和艺术史作为学科初现，并得到应用。当然，新颖强大的古典风格的形成，并非有赖于建筑师们精于此道，而是一种感觉，或者说是一种古罗马的艺术还没有油尽灯枯，或得到淋漓尽致的展现的理性认识。巴洛克时期已跨出探索古代珍宝的重要一步。毕竟，应该记住，欧洲仍有许多宝藏有待挖掘——如在黎凡特（对于那些当时勇敢到近东进行长途旅行的人来说，并不遥远）。所有这些珍宝仍然有待发现。此外，当时人们已经厌倦巴洛克，认为其设计语言表面化而浮夸。

因此，以建筑为先导的文化，又一次开始研究明晰清朗的古代，尽管它已被巴洛克之风所腐蚀，不仅体现在结构本身，更体现在装饰形式上。然而，他们并没有遵循维特鲁威的三位一体的坚固，实用，美丽，而是发现了一些措辞聪明、分量不轻的词，这些词更有可能来源于阅读拉丁作家或 17 世纪罗马巴洛克时期的教堂，而不是真正从罗马的剧场或柱廊观察得到。温克曼（Winckelmann）的名言"高贵的单纯，静穆的伟大"，概括了新艺术对古老艺术的继承，根据这个标准简洁的宏伟，与明显的巴洛克风格的尊贵形式相比，无疑具有更稳重、更温和的特性。如果我们把"安静"和"简单"（作为反对巴洛克风格的争论的残余）从这个公式中去掉，我们就会得到高贵和庄严，这似乎更适合用来表达最重要的古典主义思想。古典主义的演变可以被描述为欧洲艺术中心之间的斗争，或者实际上是对古典建筑进行学术考古研究的一系列步骤。在考古调查的同时，也伴随着天才之间的竞争，他们将精致的外形与更大的信念、自由追求结合在一起。从整体上看，这一过程可能被想象成一组不间断的从一个固定的有利构图的位置所拍摄的古建筑照片——这是一个成功的过程，相机和镜头以及摄影师的技巧都达到了更完美的程度，这样一来，这些图像不仅获得了更大的清晰度和对比度，而且也成为更好的艺术作品，因为它们更深入地挖掘了被拍摄对象的本质。

也许这个比喻也应该延伸到后来的复古时期。在古典主义时期，关于古代遗迹的知识不是通过建筑平面，而是通过建筑画来收集的（因此在此期间，图形艺术蓬勃发展）。这也解释了古代在古典主义建筑中手工制作的自由再现。在后来的复古主义时期，摄影似乎是获得新见解的最重要的媒介，这也解释了那个时代的机械甚至刻意的迂腐模仿。

古典主义是何时、如何在建筑中开始的？谁是第一个建造这种风格的建筑物的人？这个问题的答案可能有很大的不同。这种风格显然很可能起源于法国，在法国，我们可以在加布里埃尔作品中找到例证。在法国，古典主义比巴洛克式和洛可可的装饰风格更为拘谨和简朴，在路易十五的统治下，它经历了一个非常迅速的发展，最后发展成"路易十六"风格。

意大利在皮拉内西（Piranesi）和安东尼奥里纳尔迪（Antonio Rinaldi）的建筑中展示了过渡的形式，但很快，在帕拉第奥（Palladio）的引领下，这种风格采取了比法国更严厉的方向。在贾科莫·夸伦盖(Giacomo Quarenghi）的手下，这些建筑项目取得了前所未有的壮观和神韵。与此同时，英国也把目光投向了帕拉第奥——新古典主义建筑的典型例子——几乎是凭空冒出来的。法国大革命，或者仅仅是自由的精神为它铺平了道路，让法国人克服了俄国业余建筑师尼古拉·洛沃（Nikolai Lvov）所谓的路易十六风格的"夸张的卷发头"。甚至在革命之前，克劳德·尼古拉斯·勒杜克斯（Claude-Nicolas Ledoux）和艾蒂宁·路易斯·博尔利（Étienne-Louis Boullée）就已经创造了一种新的风格，将形式与尺度较好地结合起来（尽管不那么强调安静）。与此同时，帕维顿的发现激起人们对古希腊的热情，建筑师们重新发现了多立克柱廊的秩序。

事实证明，除了古罗马，希腊存在一个非常真实的现象，即使它最初是在意大利南部的一片区域。但来自欧洲的建筑师们将目光投向了希腊的内陆，雅典和伊奥尼亚。他们意识到，首先需要对希腊进行进一步的探索，而且在近东的山脉和沙漠中也有一些古老的遗址等待被发现，比如巴尔米拉和格拉萨，它们是罗马风格的。因此，古代世界尚未得到充分挖掘；有些领域不仅提供了新的见解，而且开辟了新的视角——通向历史的深处，通向希腊和他们的研究的源头，这似乎比停留在想象中的古代河流的中间地带有趣得多。

然后，就在18世纪末，拿破仑在对埃及战争中掀开了新的一页——法老的埃及，一个比古希腊还要古老的历史时期。人们变得更容易被发现往昔。18世纪已经采用了许多外来的装饰风格：中国风，为后来欧洲人的日本艺术热情铺平了道路；土耳其风格；甚至新哥特式风格。围绕着宫殿和乡村庄园的公园，有了一种新奇有趣的建筑风格。欧洲古典建筑的族谱树产生了：它的根源是埃及风格；稍高一点的是古老而古典的希腊；更上层的是共和国的罗马和皇帝。一些中间分支——比如希腊和拜占庭——当时的欧洲建筑师还不知道。

因此，在接下来的二三十年里，仿古建筑得在两个方向上做出选择——罗马或希腊模式。把两者混在一起似乎不妥。所有其他风格都作为补充。拿破仑胜利时，采用了一种建立在罗马基础上的风格，这种风格被称为"帝国"风格，在这一点上，历史似乎又回到了原点。但后来滑铁卢爆发了，这表明了另一种情况，即使帝国的风格延续到日耳曼语和意大利语国家，以及奥地利和俄罗斯这两个胜利的帝国。在波旁王朝时期，古典建筑

图 4.1　位于圣彼得堡的新荷兰岛上的法国古典主义乐团以其和谐的纪念性而引人注目

在法国也占主导地位，但正是在 19 世纪 20 年代，正是在这里，建筑进入了一个难以解释的"泥古不化"时期。这些建筑就像一个昆虫收藏，内在的自然美并没有像外壳那样受到人们的重视。

这种对风格厌倦的原因并不总是容易看穿。人们厌倦了不断的模仿吗？ 或者是新的路径和新的诱惑造成的？ 但谁会感到厌倦呢：公众，那些委托建造工程的人，还是创造这些工程的人？ 在 1820 到 1830 年，古罗马和希腊的整个建筑已被彻底地探索过了吗？难道再也不可能建造新的、令人信服的仿古柱廊、庙宇、凯旋门和剧院了吗？ 当然，这就是事实。

在俄罗斯，我们看到了建筑师卡罗·罗西（Carlo Rossi）。19 世纪 30 年代初，他对古典主义的热情远未枯竭，英国的查尔斯·罗伯特·科克尔（Charles Robert）和巴伐利亚的里奥·冯·克伦泽（Leo von Klenze）也是如此。

古典主义的路线可以继续下去吗？当然可以。在 19 世纪中期，我们在亚历山大·汤姆森（Alexander Thomson）的作品中看到了"希腊人"的名字，这是一种对古董模型的坚定搜索。

这种风格的衰落有两个主要原因：一是古典主义细节的"枯燥性"，不断重复，没有任何明显的发展；另一种解释是，建筑师们可以自由自在，因此也会受到诱惑，去寻找新发现的珍宝，或是那些已经从其他风格的珠宝盒（即装饰性倾向）中积累起来的珍宝。由于建筑师们对考古的狂热、对学术研究的投入以及对细节的精确关注，这种"枯燥"的增加违背了建筑师们的意愿。使用古董材料本身来克服这一问题的尝试是失败的，因

此建筑师开始通过过渡到其他风格来实现他们的目标，而这些风格在表面上是丰富多样的。随着欧洲人越来越熟悉与欧洲古代没有联系的文化，如南美、中国、非洲、日本和近东的文化，为装饰风格带来了新的可能。因而，人们越来越容易抛弃"纯粹"的古典主义——在构图出现困难，甲方需求改变时，或者因为莫须有的原因。尽管如此，人们仍然崇拜古典主义和古代文化，不着一词来公开反对；但有一点是，它们只是被视为许多可能路径中的一种。古典主义现在仅仅占据了架子上的一个位置，与其他许多装饰场景平起平坐了。

这一时期是古典装饰的复兴时期，但这一次，将古典装饰运用到新的尺度和功能上并没有多少创新，与文艺复兴时期相比，并没有太大的变化。建筑师的专业背景，是雕刻家和画家，因而有可能对古典秩序基础做出深入研究，而最重要的是古代的装饰手法。这种装饰适应了新建筑的功能结构：剧院必须模仿帕提农神庙或万神殿装饰、银行、大尺度的办公楼直到国会大厦，模仿圆顶教堂；博物馆则是一种新的艺术类型。这是展示项目的全盛时期——装饰经常被复制，但却很优雅，在这个时期，许多来自古代和文艺复兴时期的作品被重新出版，这些时代的建筑被人们热切地加以研究〔珀西耶（Percier）和方丹（Fontaine）关于罗马人的书，尼禄（Nero）的多玛斯·奥雷亚被布里纳（Brenna）和斯莫格维奇（Smuglewicz），卡梅伦（Cameron）的《罗马人的浴室》〕。那是教育之旅、宏伟之旅、建筑学绘画作为最受欢迎的高雅爱好之一的时代。作为从古代语言到现代语言的理想翻译家，帕拉第奥（Palladio）是许多信徒崇拜的对象。那时，西欧的城市景观经历了全面的扩张，到达了一些

图 4.2　重建前柏林的国会大厦——19 世纪下半叶历史主义新古典主义的一个例子

图 4.3 圣彼得堡的圣艾萨克大教堂由奥古斯特·蒙费兰德设计，采用晚期古典主义风格，是达尔马提亚圣艾萨克的第四所教堂。这座教堂以现在的形式建造的主要原因是为了与圣彼得堡市的声望相配，而它前任没有做到这一点

城市，人们可以想象，这些城市有自己的形象可以和帕拉第奥相提并论，可以继续追求自己的传统。

直到 18 世纪，俄国只有本民族的伊凡·巴玛（Ivan Barma）和后尼克·雅克夫列夫（Postnik Yakovlev）、亚基科夫·巴卡沃斯托夫（Yakov Bukhvostov），以及符拉迪沃斯托特的匿名建筑师的作品，他们的建筑风格和建筑风格的风格是非常不同的，例如，在波戈隆波沃的尼勒河上的圣处女教堂，以及在弗拉基米尔和圣·乔治的教堂里的圣德米提乌斯大教堂。然而，俄罗斯成为法国和意大利古典风格的传播平台，最重要的是在"克隆"城市圣彼得堡。在土耳其的伊斯坦布尔，斯南（Sinan）曾是一名建筑师，与他同时代的帕拉第奥（Palladio）一样重要。随着巴洛克的脚步，古典主义现在扩展到更大的程度，扩展到所有欧洲城市和海外殖民地。因此，古典主义装饰风格以一种同样的门廊无限变化成为主导的国际风格，在许多地区取代了本土传统，破坏了建筑语言的多样性。很快人们就质疑不同的建筑应该有不同的装饰体系。然而，在达到这一目标之前，建筑界必须再花上 100 年的时间拼命摸索，才能走出古典主义经典的束缚。

在 19 世纪 30 年代，它不再是一种单一的风格，而是一种被称为"复古主义"或"折衷主义"（源自希腊语，意思是选择或选取）的建筑方式，并传播到许多地方。建筑师只需要根据需要，从或近或远的过去择其一种风格，并以非常精致的方式来应用它，并不会拉低品位。建筑师就像学习各种菜系的厨师一样：为了能设计一个给定的形式和装饰细节风格，建筑师必须学习风格细节和不同的搭配组合。除了作为现场监工的头子和设计图的作者，建筑师也已经变成了一个学究，在他色彩斑斓的公文包或书架上，有一系列的风格，从埃及古墓、罗马灯塔，到拜占庭修道院、中国八角塔、土耳其大帐篷。他会为一座宫殿的吸烟室选择土耳其式的装饰，但会为餐厅或图书馆选择哥特装饰。

我们首先应该说，风格从未在相同级别或相同空间中混合过。不同风格可以并存在相邻房间里，也可以并存在如画派的庭园里，但有一个界限是永不可跨越的。我们还应该注意到，建筑师持续改进对各类风格的了解，改进技术方法：风格的复制更加准确，如果在 1830 年代，复制哥特仍然是凭着笼统感觉的，而到 19 世纪末，这种风格已经达到一个前所未有高精度，考虑新形式的历史真实性，引用当地特质，甚至于一种新的精神被复活。

在复古主义中，建筑师把自己变成学究式的档案保管员，他将世界建筑的全部遗产保存在自己的思想和资料室里。他有一个令人羡慕的地位：已经掌握了历史和哲学上的解释，现在，他比以往任何时候都更加体系化，融入了文化。然而，他在绘画和雕塑艺术上的关系也变得越来越不稳定。现在应该由建筑师来分配画家和雕塑家的位置，是建筑师来指定风格和合理的学科综合度。另一方面，在这种多选择的方法中，失去了对特定风格上的自信，这使得分工过程中，建筑师对他的艺术家下属的控制变得更加困难。

这种混合风格的衡量标准在哪里？ 好的品位是如何衡量的？ 在这种情况下，谁能作出判断和命令？ 画家和雕塑家似乎被赋予了反叛的权利，他们中最优秀的人抓住了机会，放弃了建筑。那些留下来的人则听任自己成为"团队"或"管弦乐队"里的一员。

复古主义是许多不同风格并存的时期。但是根据什

图 4.4　苏雷曼清真寺是伊斯坦布尔最重要的清真寺之一。它是由著名的奥斯曼帝国工程师和建筑师苏 雷 曼（Süleyman）在 1550 ~ 1557 年 间委托建造的。这是他最杰出的作品之一

图 4.5　德布洛瓦城堡。在 1841 ～ 1869 年期间，由尤金·拉维勒 - 杜克（Eugène Viollet-le-Duc）和雅克·费利克斯·杜邦（Jacques Félix Duban）在新文艺复兴风格中恢复的城堡

么原理，这些不同风格组合在一起？

我们怀疑所有的折衷主义都有一个单一的基础，这个基础就是文艺复兴和巴洛克。

换句话说，在复古主义时期，古典主义时代法则被一项由罗马和威尼斯的帕拉齐人所发现的大量的记录所取代，在这一时期，飞檐和柱式网络起了主要作用，它们就像一张网络一样覆盖着建筑外表，并将其精确地表达出来。这个网络的组织根据一个非常具体的比例体系，源自于罗马圆形剧场的叠柱式：采用序列化和拟人化的手法，让飞檐尺度随比例而变化，并不是机械的标准化。

这个设计，这个网络，可以用来组织任何立面，而更多的是属于文艺复兴晚期，可以补充各种风格元素，从早期佛罗伦萨文艺复兴、巴洛克、新希腊或从更奇异的风格——在每个情况下它都是"有效的"。该方案将节奏元素分布在建筑的立面上，逐个加以考虑，创造一个和谐的秩序。这是基于装饰和表现手法的一个很好的例子。

文艺复兴晚期复古主义时代的图式网络，产生了用其他东西来反对古典主义模式的需要。19世纪30年代，新文艺复兴时期的档案代表了这种对立，复古主义开始在欧洲的各个城市展开了胜利的进军。历史主义通过"回溯"文艺复兴时代的网络，发展出了一种实践方法，可以很容易地将每一种风格的元素"上传到"立面上。因此，我们发现同样的网络不仅适于纯粹的古典主义，还适于有民族特色的折衷主义。

复古主义的弱点是什么？有几个，但最终可能只有三个：过度的博学；细节的泛滥；不符合构造，而当时构造的发展正促使建筑和空间得到快速发展。

让我们从上面提到的过度的博学说起。要掌握这种复古主义的风格（或基于新文艺复兴的风格集合），需要付出很大的努力，超出了一个建筑师的理解范围。这导致了建筑师不得不背诵大量的材料的情况。尽管它所支持的外表多样化，但它并没有像后来那样产生任何演进与发展：复古主义几乎没有变化，它只是使历史风格变得更加熟悉。语言学知识对阐释风格起到了很大的作用，最终必然会引发不满。

建筑师们对这种博物式的，或学究式的方法所带来的困难表示强烈反对，他们要求"简洁和真实"，并要求个人不受复古主义的影响。他们认为，复古主义是一种过于复杂的知识体系，与更为统一、严格的古典主义相比，它不分青红皂白地增加了复杂度。随着19世纪的结束，这些要求越来越强烈。

关于细节的泛滥，可以说这个不足被认识得更早，在古典主义时期就初见端倪，而在复古主义中它变得特别显著。历史学家对细节的重复，不断增加的建筑数量和它们不断增长的规模，以及这种风格逐渐接受了所有类型的建筑的事实，打破了人们几个世纪以来的惯例，即在传统的更有雄心的标志性建筑和不那么复杂的日常建筑之间划上明确的界限。杰出的作品，约占建筑环境的30%，以及大量较普通的建筑，开始以一种相当尴尬的方式合二为一，30%的人倾向于放弃一定程度的自主权。因此，在杰出和普通之间的类比似乎失去了必要的层次，而倾向于更统一的风格。复古主义不仅包括宫殿、教堂、股票交易所和火车站，还包括廉价的建筑、仓库、餐馆、码头和军械库。这个宽广的谱系，没有给个别的杰作留下空间，让它们在建筑层次中脱颖而出。这种反常现象意味着，普通建筑的细节与宏伟的、奢华的建筑更加接近。因此，奥斯曼时期的巴黎和维也纳的住宅和行政建筑仍然表现出一种精湛的建筑结构，尽管这一结构被简化为平淡。与这种平淡作斗争的一种方法是进一步强调建筑标志性和它们周围环境的对比，突出它们的简单性或它们独特的个性。在这一点上，我们可以清楚地看到，有决心指出少数人 30% 的标志性建筑与构成城市环境的其余 70% 之间的差距正在缩小。

最后，让我们讨论放弃构造。在此历史时期，建筑自罗马时代以来第一次达到了精神上的新水平，并明显地进步发展。金属大梁，金属支撑，框架结构，以及更广泛和更引人注目的玻璃，却采用复古的形式。建筑师们运用了所有这些创新点，尽管用的是各种古代的装饰风格。因此，建筑师们把他们的努力集中在了两个方面：一个是外皮，反映了这样或那样的历史风格；另一个是结构，被认为是一种可耻的东西，因而建筑师们试图用装饰、柱头、底座和支撑来装修结构。最终，他们意识到，建筑在某一时刻会打破这种风格的伪装，成为一个连贯的雕塑，在装饰之下，结构本来就很糟糕，只是暂时地隐藏着。随后发生的事件表明，这种解放并非没有问题。虽然装饰性的外壳并没有一下子全部倒塌，但紧张气氛开始上升，尤其是因为新建筑是杰出的建筑——换句话说，是我们 30% 的建筑——建筑师们一直更渴望进行试验。

技术和建筑材料的进步导致了建筑物理尺寸的增加。巴黎歌剧院在其建造年代被视为一座非常大的建筑，而伦敦和布达佩斯的国会大厦似乎都是新哥特式风格的巨像，仿佛有一件衣服被扔在了它们身上。巴黎和伦敦的火车站和布鲁塞尔的正义宫也是如此，它们反映了新

图 4.6　纽约联合广场：一座典型的 20 世纪早期的摩天大楼，建筑风格兼收并蓄，立面非常细致

文艺复兴的风格。风格本身变得巨大，引发了一种形式上的简单化，也激起了一种夸张的纪念性。

这一过程在芝加哥和纽约早期的摩天大楼中更为明显。而新罗马式和后来的新哥特风格的这些建筑当然看起来是合适的，它只有在用高分辨率的长焦距镜头拍摄特写时，才能真正被认出来。人们不禁会认为，这些精

图 4.7 巴黎圣心教堂的轮廓:
　　　　教堂是蒙马特高地天
　　　　际线的重要特征。这
　　　　幅全景画始于从折衷
　　　　主义到新艺术的过渡
　　　　时期。尽管装饰错综
　　　　复杂,但整体还是统
　　　　一的,主要是因为所
　　　　有的房子都表现出相
　　　　似的细节密度

心装饰是多余的，因为只有路过的鸽子才能看到它，而人类观众只能看到一个模糊的印象，或者只能在入口处才能看到。随着高层建筑物越来越大，越来越明显的是这种规模的物体其实不再需要去装饰它们壮观的外形和结构。正是这些标志性的建筑，在后来的城市合奏中发挥了关键作用，其和谐是建立在强烈反差的基础上的。不幸的是，从此以后，即使是简单的、平凡的、没有任何特殊性的建筑物，它们的立面也精细组织。这就导致了维护杰出对象尊严的"框架"的丧失。

在某些类型的建筑上失去装饰，与建筑秩序应该永恒和谐的理念格格不入。如果严格地说，它不是必要的，也没有在协调外观和音量方面发挥任何作用，那么它就不再是永恒的、包罗万象的，它的影响范围也受到了限制，无论是从大小还是从高度来说。如果有什么东西不是神圣的，为什么我们仍然如此痴迷于它？为什么我们要把钱花在一个相对较小的帕台农神庙上的装饰上，而不是花在摩天大楼上？这些和类似的问题开始被越来越频繁地提出。

在大尺度建筑、肤浅的知识和复兴梦想的压力下，折衷主义的世界注定要崩溃。这种情况发生在19世纪末的布鲁塞尔和巴黎，当时一种新的艺术风格诞生了，即"新艺术"（art nouveau）或"风格派"（Jugendstil），迅速在欧洲传播开来。然而，历史决定论并没有不战而退：它持续了很长一段时间，制造了阻力，在一些地方甚至存活了几十年。

关于新事物的诱惑，再多说几句。显然，这种诱惑在历史的进程中已经增加了：我们越接近现在，对新事物的需求就越大，人们对新事物的期望也就越高。让我们简单地看一下各种风格的寿命。古代建筑的秩序可以说已经延续了12个世纪（从公元前6世纪～公元后6世纪），罗马风有两个世纪（11～12世纪）的时候就开始了，而哥特则多了一点时间（12至15世纪的下半部分），文艺复兴持续了一个半世纪（15～16世纪），而巴洛克风格则持续了更长的时间，将近两个世纪（16世纪晚期～18世纪中期）。相比之下，古典复兴则延续了不到一百年的时间，从18世纪后半叶到19世纪初。复古主义"活"了大约60年。

我们看到了一种加速的发展，一种越来越快的风格和趋势的发展，我们感觉到一种不耐烦，这种不耐烦，导致了一种千头万绪的变化和品位的下降，最终导致了多种风格的共存，甚至是同一位建筑师的作品中的多种风格的共存。就像一场超长的春天，这一发展已经让我们预感到它会如何结束，突发的疲劳状态，对装饰的彻底放弃，努力揭示建筑的结构和功能的骨架，这是唯一的诚实的基础，尤其是在建筑的建造过程中，它在主要的标志性的公共建筑中获得了一种完全独立的表现，这比他们的装饰要强大得多。然而，这种个人的表达方式，却缺乏城市所包含的大多数普通建筑的简单结构和非常实用的形式和结构。这些建筑的"诚实"——毕竟，它们至少占每个城市的70%——往往相当令人着迷，如果它们的正面没有精致的细节装饰，无论是它们的装饰、结构、触觉还是墙壁的连接性，那么结果就是功能性建筑老化严重，缺乏持久的艺术魅力。我们将在下面的章节中讨论这一发展。

第五章

风格的加速转变：20 世纪之初的新艺术运动与新古典主义

到 19 世纪末，复古主义显然已不再新鲜和令人兴奋，尽管它仍有一定发展潜力。无处不在的国家风格到处开花结果——新的罗马尼亚、古老的俄罗斯、德国式样的哥特、巴黎的圣心教堂和巴西利卡等罗马式建筑。然而，在这套建筑方法中，可以发现某种疲劳。快速的技术进步，对与之配套的"老式"设计体系越来越反感，显然对建筑风格产生了影响。历史决定论逐渐变成了一种更加大众化的东西。模糊的形式出现后，建筑师们开始采用一种更加自由的方式，忠实地再现细节，并与复古主义原型保持距离，与复古主义的一切背道而驰。

普适的风格，自由的设计，很快就有了新的发展。这种新风格被许多人所熟知（比利时和法国的新艺术派、奥地利的分离派、德国的风格派、俄罗斯的现代派、意大利的自由派），但它使用的是一种连贯的语言，尽管有许多地方语言，显然这是由一小群阿基米德人发起的"运动"。然而，在我们看来，如果不是在每一层面都产生影响的发展，它就不会成功地建立起来：日本的开放——这个国家的文化直到那时都是欧洲人所不知道的。日本文化的传入是一种绝对的启示，因为日本是少数几个完全不受国际古典主义潮流影响的国家之一，它有自己高度发达的、完全独立于欧洲的文化。它的特点是在使用带有明显正交的木制屏风栅格，植物图案的装饰上具有非凡的自由——例如，在带有传统花卉和鸟类图案的日本彩色木刻上。收集日本版画成为欧洲知识分子的普遍爱好。我们在梵·高的画作中发现了他的复制品，以及日本视觉文化的影响。

从高更（Gauguin）、席勒（Schiele）、克利姆特（Klimt）和穆哈（Mucha）的作品，很明显地延伸到新艺术建筑师所使用的植物纹饰的流畅线条。新形式在几个不同的中心或流派中发展（就像新古典主义和复古主义一样），但也有一些独立的创作人物，他们小心翼翼、几乎是开玩笑地接近新艺术主义的语言，容留"云端飞翔一般"的新趋势和新冲动。

19 世纪 90 年代初，维克多·奥尔塔（Victor Horta）在比利时迈出了决定性的一步，设计了一系列别墅——首先是布鲁塞尔的流苏酒店（1892 年）——

图 5.1 位于布达佩斯的李斯特音乐学院建筑：正面装饰以新艺术风格，雕有著名音乐家和作曲家的塑像

创造了一种基于自然世界、自由曲线和石头与金属的强烈对比的新风格。毫无疑问，律动感是新艺术的新颖之处，也是它与历史主义的区别之处。尽管引用了巴洛克风格，后者却从未成功地将如此多的生命注入死亡形态中。即使按照巴洛克的标准，这种新风格也有更多的自由：如同不对称在巴洛克风格中仍然是不可想象的，在新艺术中对称也是不可想象的，新艺术将巴洛克传统与发现结合在一起，而在那之前，这些发现都是未知的世界。正是这种趋势，我们认为是从日本文化中借鉴而来的，与罗马古代不同，日本文化不受任何对称需求的限制。因此，由于巴洛克风格完全依赖于罗马文化，直到新艺术的出现，对称才可能被放弃。

然而，令人震惊的是，一种更复古的风格不断地与一种更新颖、更感性、更自由的风格交替出现。对于所有的差异和比较的不精确的性质，表现出这种交替效果的两种风格可以很明显地被破坏：古典——哥特式；文艺复兴，巴洛克风格；复古主义——新艺术。

因此，新风格可以被视为复古主义的反面：它摒弃了对称、细节和规则的线条，取而代之的是绘画式的混乱和自由、弯曲、反复无常的线条。它把金属从亨利·拉布鲁斯特以来在历史主义中扮演的隐藏的、伪装的角色中解放出来。金属本身也变得具有观赏性：当折衷主义将其作为复古主义形式时，极其脆弱的支撑和精致的拱门显得如此幼稚，而现在，它们以一种深刻的严肃态度，用一种强烈的动势和仿生戏剧的新语言说话。

正如上面所提到的，新风格与发现新大陆有关。不同于欧洲利用其新殖民地的丰富资源（为了娱乐和学习而将稀有的殖民地物品带到欧洲各国首都，并将其纳入到不变的帝国体系中作为引人注目的珍品），这里让文化传统之间的平等交流成为可能，新发现的文化元素产生了强烈的吸引力，有时甚至获得了崇拜的地位，并产生了新的趋势。

新艺术出现的时候，欧洲人重新认识到，建筑不仅存在于欧洲之外，而且在世界许多地方都在积极发展，而且在装饰和类型学上都具有高度独创性。在历史的早期阶段，这类杰出成就往往遭到野蛮破坏——玛雅和阿兹台克人的文化在现在的墨西哥领土上就是一个例子。然而，自 19 世纪末以来，南美洲的建筑主题——带有装饰饰边的阶梯形金字塔——开始被广泛使用，阿拉伯、非洲和埃及的建筑元素也开始被广泛使用。

但新风格的产生和发展，最主要的还是受远东文化的形式和精神的影响，尤其是中国，尤其是日本。如前所述，后者给欧洲文化所有分支的创造性重新思考提供了非常强大的动力。

图 5.2　流苏酒店维克多·奥尔塔（Victor Horta）在布鲁塞尔的印象，同时代的人们尤其是被外观的细节所打动。虽然我们今天仍然觉得这座建筑很了不起，但它与城市环境已不再形成如此强烈的对比

这种威胁根植于这样一种观念，即建筑语言应该真是永恒的，并对新形式的持久性持相应的怀疑态度。令人担心的是，这些形式和风格本身太独特了，因此将会是短暂的。他们完全符合波西米亚世界的生活方式，也许还有艺术家和求知欲的人，可能是有实验性

图 5.3　特奥蒂瓦坎——众神之城: 台阶上的装
　　　　饰细节启发了许多项目和建筑

倾向的中产阶级。然而，这些"儿戏"只占了精英阶层的一部分，因为他们更年轻。老成员或更保守的成员该怎么做：在现在已经过时的复古主义中寻求实用之物？ 那些银行家们又如何呢？ 他们无法把自己的银行安置在这些新奇的建筑里，他们的符号、清晰的线条和颓废的精神都没有一丝严肃感，却产生了一种可能是开玩笑的，有时是戏剧性的，甚至是轻浮的效果

呢？ 这种风格可能适合精品店和咖啡馆，但不能传达政治权力或银行、博物馆和剧院的不朽性。

一种被灌输了波西米亚精神的风格，既带有异国情调，又带有肉欲的味道，不仅对宫廷中可敬的资产阶级和贵族阶级来说是陌生的，对艺术精英来说也是陌生的。没过多久，知识界的这种分裂就开始呼吁停止过度的视觉行为。例如，范·德·威尔德（Van de Velde）的文章《清

图5.4　巴伦·冯·贝瑟公寓——
　　　　是芬兰建筑师艾伦·卡
　　　　尔· 舒 尔 曼（Allan
　　　　Carl Schulman） 在
　　　　圣彼得堡设计的唯一一
　　　　座房子——是北欧新艺
　　　　术 的 典 型 代 表。这 幅
　　　　画 的 日 期 是 1998 年，
　　　　当 时 这 座 历 史 建 筑 在
　　　　2002 ~ 2003 年 被 改 建
　　　　为 一 个 七 层 的 酒 店 和 购
　　　　物中心（左）

图5.5　北欧新艺术风格的圣彼
　　　　得堡建筑的想象图（右）

图 5.6　巴塞罗那的新艺术幻想

理艺术》（1894 年）和他随后的著作，他暗示，技术进步，应该开始创建新形式和自己的艺术（《综合艺术通评》1895 年和《吾之所愿》1901 年）。从字里行间，我们已经可以感受到非装饰建筑的诞生！后来，同样的作者写道："这一刻，我们的使命是把我们身边的日常物品从这些装饰品中解放出来，这些装饰品没有任何意义，没有内在的存在理由，因此也没有美。"

这种从过剩中解放出来的思想，很快就产生了一种希望，用正式的术语来简化新艺术的诞生。这种风格不仅因为它的丰富性、它的象征意义和它明显缺乏趣味而招致反对；它的反对者也认为它只是几种装饰风格中的一种，虽然是最成功的之一。它明确无误的主题很容易被复制：在甲板上、海报上、橱窗里、乡间别墅的栏杆上、地铁入口处的铁大梁上——换句话说，到处都是。装饰性现在成为人们负面关注的焦点——最初是建筑师们自己关注的焦点——因为这种风格似乎是刻意隐藏的东西，即每个人都渴望的基本的简洁和热情。似乎只要一劳永逸地把它从"欺骗性的衣着"中解放出来就足够了，到那时候，真理和实质就会显现出来，纯朴就不会受到时尚的种种变幻莫测的影响。

在他著名的文章《装饰与罪恶》中，阿道夫·卢斯（Adolf Loos）提出了一个新的原则："文化的消逝与从日常使用的物品中去除或去除是同义词。"很自然地，它不仅可以从日常使用中消失，也可从建筑中消失，而且，在他的论文架构中，他的观点是在 1910 年写的，他写道，我们这个时代的人，对于内心强烈的冲动，用肉欲的符号涂抹墙壁是一种犯罪或堕落的行为。这句话可以自由地解释为"饰品就是犯罪"。

从今天的观点来看，我们知道，这些话导致了建筑从任何形式的"枷锁"中解放出来，就像当蒸汽取代了船帆时，船舶就会被破坏一样。有了这个技术隐喻，我们就可以把结构框架和它的装饰性外壳之间的联系历史性地带进一个死胡同，我们不应该再描述一种风格，它在革命之前和革命期间都曾短暂地出现在建筑中。

新艺术时期很短。在文化之都，它持续了 10 年之久。在 1900 年之后的几年里，它被一种更为冷静的变体——早期理性主义所取代，这种变体可以在阿道夫·卢斯（Adolf Loos）、汉斯·珀尔齐格（Hans Poelzig）、彼得·贝伦斯（Peter Behrens）、托尼·加尼尔（Tony Garnier）和亨利·范·德·维尔德（Henry van de Velde）的作品中找到。这种对新艺术的理性解读可以被视为对即将到来的理性主义以及对现代主义的总体解读的序幕。然而，在 1907 ~ 1914 年间的短暂时期，新古典主义也有重要的作用。很明显，这种风格是新艺术的又一翻版，它比新艺术运动更短命，只持续了大约八年，尽管它和新艺术一样英勇。解放过程中本身反复无常的形式要求"不惜任何代价"，古典主义解放自己的创作手法，但在这种情况下，解放格调低俗的折衷主义和新艺术，更重要的是，从古典主义误解、枯燥和学术风格的直接中解放。新古典主义的装饰风格重新引入了规律性和对称性，同时也引入了古色古香的拟人比例体系。这被认为是为了将建筑从工业美学的风暴中拯救出来，从不拘一格的折衷主义和新艺术中拯救出来。然而，新古典主义的建筑却被现代主义和现代主义运动的先驱者所遮蔽，他们的力量越来越强；事实上，新古典主义的宣言被现代主义者默默地忽略了。这就是为什么许多建筑狂热者对 20

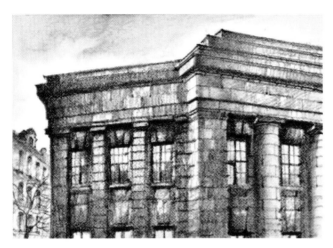

图5.7　由彼得·贝伦斯设计，建于1911～1913年间，位于圣彼得堡的德国大使馆：立面为纪念性的建筑柱式

世纪早期的新古典主义知之甚少，在现代主义的最初萌芽中，新艺术的兴衰提供了自己的答案。

巴黎新古典主义无可争议的领袖是奥古斯特·佩雷特（Auguste Perret），他把新古典主义的浅浮雕和褶边"挂"在一个非常现代的混凝土网格框架上，比如香榭丽舍剧院。在德国，彼得贝伦斯从他在柏林著名的 AEG 工厂（1908～1909 年）的原始理性主义发展到德国驻圣彼得堡大使馆（1912 年）的军事新古典主义，其结构匀称，几乎是抽象的半柱，在冰冷的粉色花岗岩中。位于柏林郊外的考古学家威甘德（1911～1912 年）建造的贝伦斯别墅就是一个典型的例子，它既概括了古典建筑的普遍风格，又体现了一种"回到根源"的运动——这一运动试图回归古希腊的建筑。在奥斯卡·考夫曼（Oskar Kaufmann）的作品中，我们同样可以观察到新古典主义的转变。在柏林，考夫曼首先建造了象征性的海贝尔剧院，随后以其沉

重抽象的柱廊建造了不朽的剧院形象（1913～1914年）。海因里希·特塞诺（Heinrich Tessenow）在德累斯顿附近的海尔勒劳设计了节日剧院。在这里，特塞诺创造了一个广义的古代符号，作为一个古老的庙宇的形式，作为一个神圣的艺术场所。

在维也纳，阿道夫·卢斯（Adolf Loos）设计了萨拉奇时尚商店（1911 年完工）的立面，作为一个几乎"赤裸"的抽象概念，增加了一排多立克柱，这显然适合这种抽象。卢斯似乎一直反对任何形式的墙壁装饰，但在前两层的覆盖层上，他采用了大理石石板高度复杂的自然纹理，其丰富的图案与"无眉之家"的窗户形成了奇妙的对比，他的同时代人将其称为"无眉之家"，而在上层极简主义门面上，行人无法近距离看到。同样在维也纳，约瑟夫·霍夫曼（Josef Hoffmann）为银行家奥托·普里梅韦（Otto Primavesi）建造了一座新古典风格的别墅（1913 年至 1945 年）。相异的、非历史的、抽象的形式证明了对目前古典主义的深入研究。霍夫曼让别墅大厅的墙壁从上到下都覆盖着木板，每块木板上都装饰着不对称的植物装饰。这些木板通过抽象的新古典主义，从新艺术到装饰派艺术，搭起了一座桥梁，而装饰派艺术的时代还在后头。

在瑞士，让尼雷（Charles-Édouard）化名勒·柯布西耶（Le Corbusier）在力洛克（1912 年）建造了法弗雷别墅，秉承了新古典主义的精神和信念。最后，在俄罗斯，整整一群建筑师都在努力创造一种新的建筑风格，这种建筑既能体现出不那么严守风格，也不像西方那样具有实验性，而是吸引了人们对古典主义的美感和"文化遗产"的欣赏。其结果是伊凡·福明

的新"雄辩"风格的产生，它试图在一种外表上表现出一种温和的微妙之处，那就是在过去的岁月里，在乡间庄园的柱廊上，有一种粗糙的、有节奏的、自然的生命力。许多彼得斯堡的建筑师弗拉基米尔·什楚科（Vladimir Shchuko）、安德烈·贝洛格鲁德（Andrei Belogrud）和玛丽安·佩列茨科维奇（Marian Peretyatkovich））都采用了新文艺复兴风格。在这里，现代主义又一次穿上了旧衣服，带着一种残酷的腔调，同时又带有英雄和悲剧的色彩。在莫斯科，伊凡·兹霍托夫斯基（Ivan Zholtovsky）更进一步，与其说使用文艺复兴风格，不如说使用文艺复兴时期的材料：安德烈·帕拉第奥（Andrea Palladio）最优秀的作品以复制品的形式在俄罗斯本土经历了真正的复兴。

由于经济或其他原因，一些国家从未经历过新古典主义的出现。在这些地方，新古典主义被"推迟"了，并在20世纪20年代取得了第一个非常重要的成果。因此，位于哥本哈根的庞大的警察总部大楼（1920年），在其建筑中是"纯粹的"古典建筑，由建筑师哈克坎普曼（Hans Jørgen Kampmann）、霍尔格雅各布森（Holger Jacobsen）和奥格·拉芬（Aage Rafn）设计的，在1918～1924年。在斯德哥尔摩，贡纳尔·阿斯普隆德（Gunnar Asplund）在他的城市伙伴图书馆（1920～1928年）中创造了一种永恒的古典主义。最初的印象是一座不再是新古典主义的建筑，而是以其纯粹的形式向当代建筑过渡的建筑。但接着，人们的目光转向了大型门户的装饰——装饰性檐口，概括性的檐口——确切地说，人们明白这一切是为什么：一种带有风格化元素的抽象。在苏联，列宁格勒学派继续着新古典主义的粗犷、笼统的形式，或者像

图5.8 埃弥尔·雅克·达尔克罗斯比尔顿桑斯塔尔艺术学院（音乐和节奏学院）——现在的节日剧场——建于1911年，按照海因里希·特塞诺（Heinrich Tessenow）的设计，建造于靠近德累斯顿的著名花园城市海尔莱罗。主楼的建筑以严谨的线条和高贵的简洁著称。六座高大的直檐塔支撑着学校的标志——平衡的象征

伊凡·福明（Ivan Fomin）和他的同事以及艺术学院的学生们——殊格（Shchuko）、贝洛格鲁德（Belogrud）、弗拉基米尔·盖尔弗莱赫（Vladimir Gelfreykh）、诺伊·托洛茨基（Noi Trotsky）和列维·鲁德涅夫（Lev Rudnev）所称它为"红色革命后的多立克"（古代的多立克）。

在列宁格勒，这一方向被刻意培养成与现代主

图 5.9　伊凡·福明（Ivan Fomin）莫斯科的发电机厂俱乐部建于 20 世纪 30 年代,但它反映了稍早的"红色多立克"(Red Doric)的原则:
柱子的立柱, 没有柱顶, 支撑着朴素的不朽的"檐部"

和建构主义的对立, 后者在 20 世纪 20 年代占据主导地位, 并在政治环境允许的情况下无情地推翻了这些风格:这为 20 世纪 30 年代初的斯大林主义新古典主义和装饰派艺术元素的出现奠定了基础。

我们之所以在 20 世纪早期的新古典主义上停留如此之久, 是因为这种风格是对新艺术主义的一种回应:它与新艺术的不规则和反复无常的一面, 以及它的有机和仿生方面进行了斗争, 并以规律性和对称性予以反击。这是在它本身已经衰落的时候发生的, 它几乎处于被遗忘的边缘。因此, 我们可以从西欧建筑师的哲学抽象著作的实验和俄罗斯人更直接的风格上, 来剖析一个悲剧因素。两个方向都被第一次世界大战摧毁了。

技术进步和西方文明的逐渐发现加快了建筑文化发展的步伐。一种风格接着另一种风格的过程就像一个伸展的弹簧，它最终必须由于紧张和疲劳而断裂。一种风格以越来越快的速度取代了另一种风格，直到最丰富多样的风格装饰从人们的眼前闪现出来，就像从一辆疾驰而过的高铁上看到的一样。不断重复的发展路线注定要崩溃。就在这一刻，包豪斯（Bauhaus）的勒·柯布西耶（Le Corbusier）和结构主义登上了世界建筑的舞台。

但在我们继续考虑新的建筑之前，我们想谈谈这种加速是如何影响城市景观、日常生活和日常用品的。瞬息万变的快速变化步伐，意味着整个国家都落在了后面——远远落在后面。有时，一种早已在法国或德国建立的风格，直到半个世纪后才传入另一个国家。而且一种风格要花更长的时间才能到达殖民地。然而，一旦它到达欧洲或拉丁美洲的省份，它就成为主导风格，甚至渗透到最遥远的角落；在每一家旅馆的顶部，甚至门把手都可以看到。这一点可以从 18 和 19 世纪的古典主义历史中得到例证，复古主义的影响也以类似的方式表现出来。

新艺术流派也即将成为一种整体风格，但仅限于欧洲的某些地区、俄罗斯和日本。这种成熟的版本从未传到美国，在意大利几乎看不到，甚至在罗马也看不到，因为罗马完全没有。在 20 世纪早期，一个城市或它的新风格房屋的"外装"发生得太慢，跟不上建筑时尚日新月异的变化。

风格以惊人速度闪过的趋势，为废除装饰风格本身提供了另一个论据，支持再次尝试创造永恒不变的东西，就像古代的实践一样。因为在那之前，一种风格一直渗透到生活的各个领域，甚至是最私密、最隐秘的地方，这证明了它是普遍有效的和"正确的"。然而，现在的

风格开始产生小的"跳跃"，而且是如此的短暂，以至于他们甚至没有留下太多的痕迹。它们只存在于顶尖建筑师的项目中，也存在于委托它们的精英们的项目中。因此，他们被认为是一时异想，而不是需要认真对待的持续的艺术现象。当时的文化（今天也不例外）的繁荣源于这样一个事实：一大群受过教育的、有兴趣的观察家，虽然可能并不完全理解它，但至少愿意与它进行对话。因此，在抽象的细节和不可避免的简化的方向上，搜索逐渐远离了短命的时尚。这不仅是由经济条件决定的，而且还受到这样一种愿望的驱使，即计划和建造一种普遍有效的东西，一种能够进入每一所房子和每一间房间的东西，一种能够让任何一个接受建筑和文化的观察者理解的东西。新艺术不适合这个目的，因为那时它已经作为一种风格的趋势被用尽了。它也不能简化，因为丰富的装饰是它不可缺少的一部分。

新古典主义，几乎概括到抽象的程度，也不适合，因为这种概括给了它比成熟的前辈更原始的外观。有一种很强烈的诱惑，即使是最后的碎片也会被撕掉，只留下"裸"的部分。这些强烈的愿望已经在石头、铁和混凝土中实现（在厕所和某些工厂建筑中），然而，最初只是在孤立的情况下。只有几代建筑师和评论家注意到这些建筑，并将它们列为新时代建筑革命的先驱。

1914 年，3000 年的装饰濒临灭绝。但在那一点上，没有人能想到这些变化会有多么深远，正如我们现在所知道的，这些变化就在眼前。欧洲卷入了第一次世界大战，把整个世界都卷入其中，这场战争结束了 19 世纪的理想主义。建筑的装饰元素可能也是旧式理想主义的一个方面。无论如何，这场战争标志着毁灭的开始。

第六章

建筑领域的革命

从今天的观点来看，建筑似乎可以从形象化和装饰性的设计中解放出来，因为装饰与建筑的构造和承重结构之间的关系一直是暂时的。然而，在历史建筑的背景下，一个没有装饰的朴素建筑，在某种程度上就像是把一幅未画过的画布描述为"诚实"。到 20 世纪初，建筑已经产生了 200 多年的同一古典主义主题的变异，显然，审美文化的世界已经受够了这种单调。但是，当这种古老的装饰语言最终被扔进历史的垃圾堆时，婴儿被连同洗澡水一起扔了出去——不幸的是，这种情况经常发生——建筑失去了它的触觉和感官基础：它的装饰，被宣布为"腐败的根源"。新艺术，在它的最后阶段，特别是艺术装饰，我们将在后面详细讨论，对建筑艺术的具象和装饰基础没有任何帮助，因为尽管这些风格的发展与先锋派的发展是平行的，但他们没有先锋用来否定过去的那种令人激动的、再生的能量。

我们在这里面对的是一场建筑革命。有一种普遍的倾向，认为这是社会革命的一部分，但这只适用于苏联，甚至只是在有限的范围内。即使世界其他地方的建筑师

与社会主义有联系，或至少对其事业表示同情〔如包豪斯（Bauhaus）或勒·柯布西耶（Le Corbusier）〕，这种联系往往更具有浪漫主义性质。然而，这是一场以文化爆炸形式出现的革命，新建筑由此诞生。这场革命拒绝了大多数已经被证实的事实。它否定古代建筑的秩序和装饰可以作为一个基本的结构来安排立面。"真理"或"真诚"是新的理想，所有形式的装饰都属于谎言的范畴。建筑的秩序、饰品和装饰成为新的建筑形式的敌人，这意味着这种建筑与其说是建立在真实的新概念上，还不如说是建立在否定上。否定的情感能量，就像每一场革命一样，使话语和行动都变得激进。结果，无数的文化成就被抹杀了，因为过去被否定的力量强行冲走了。这就是建筑革命的本质。

革命开始了……革命到底是什么时候开始的呢？ 也许是在 1914 年，勒·柯布西耶（Le Corbusier）为他的多米诺住宅设计了第一个钢筋混凝土框架，也许是安东尼奥·桑特埃利亚（Antonio Sant' Elia）的画作（1912 ~ 1914年），甚至是沃尔特·格罗皮乌斯（Walter Gropius）设计的法格斯工厂，该工厂建于 1911 年。无论如何，这肯定

是在第一次世界大战之前。战后,这场建筑革命重新点燃,并蔓延到越来越多的国家和文化大都市。

新建筑的主要原则是什么? 首先, 正如上面所描述的, 它是一种否定的建筑, 这就是为什么它否定了旧的传统, 更重要的是否定了最近的过去, 以及为什么设计和主题不是来自历史的来源, 而是从这种打破传统的方式中发展出来的。任何以过去为主题的举动(寺庙、宫殿或柱廊) 都意味着这位建筑师还没有打破传统,他仍然秘密地"依附"于过去。这种两极分化导致了痛苦的斗争, 没有谈判或妥协的余地。旧的将被摧毁——如果不是物理上的, 那么至少是在规划和建设工作中。打破传统是最重要的。妥协者将被揭露和谴责。

新的架构必须以事实为基础。真理过去是, 将来也会被理解, 没有任何东西是建筑物的结构和功能所直接需要的, 因此是多余的。这一发展所蕴含的所有文化史的矛盾是显而易见的, 因为建筑一直是建造比例合理、装饰精美的建筑的艺术, 尤其是在那些建筑的结构、形式和功能本身并不具有艺术趣味, 而本质上是相当朴素和实用的。我们认为这些占了所有建筑的70%。对功能性和结构性真理的需求似乎表明, 建筑作为艺术, 从一开始就一直是技术实用主义的陪衬, 现在已经是多余的了, 因为这些实用的要求对追求美一无所知。如果这是真的, 那么在所有的东西都被移除之后, 只有技术、功能和理性的指示仍然存在。的确, 新建筑在某种程度上是技术的架构, 它很快就会成为一种对技术进步的浪漫主义信仰的体系结构, 它利用了全新的形式。纯粹抽象形式的柏拉图式理想被纳入了新建筑的整体观点中, 但新建筑以形式和文脉来表达自己, 这些形式和文脉如果组合不同, 往往与结构和功能上的必

要性也相去甚远。这些"对象"的组合最终都是架构——再一次, 尽管听起来似是而非, 但从实用主义的角度来看, 它们被认为是多余的。

真理——不再是功能(因为功能也将存在于简单的结构中), 而是简单的形式本身——反映在这些"纯粹"的体积和精美的设计中。对比发展成为新建筑的主旨和核心程序之一。与此同时, 它也具有内在的象征意义, 因为它被用来对抗过去建筑中对历史上体量组合的记忆。这种消极的记忆是这种不对称和动态的新建筑的许多组成"特征"的基础, 它不需要装饰, 也不需要与古典模型有任何联系。

但让我们回到建筑的基础, 或者更确切地说, 回到这些基础的转变。古代建筑, 以及后来所有继承了古代传统的建筑风格, 不仅建立在装饰的基础上, 而且建立在人体比例的基础上, 人体比例是按特定的方式排列的。这种顺序在建筑物的比例排列和柱式中最为明显: 它的柱础、它的"头"(柱头)和它的"身"(所有的曲线)。这种清晰结构、形式和人的形态比例给了观者一种与建筑的亲近感。如果我们去掉"头"和"环"的基部以及"中心"——列中的凸的元素——那么就只剩下一根柱子了, 这是一种简单得多的东西, 在某种程度上是抽象的。这就是新架构的目标: 简单和抽象, 被置于与"真实"同等的水平上, 以及整体与装饰设计的独立性作为一种表达方式。

有人可能会问, 新的体系结构是无序的还是有序的。答案是, 这当然是一种秩序, 新的秩序。这种新秩序也建立在自己的新法则的基础上。例如, 在反对历史建筑的尝试中, 它的支持者开始否定对称的概念。在过去, 过分长的正面是由围绕中轴的对称的前庭划分的, 从而

直观地缩短了立面。这种对称性现在被否定了，就像把静态体积细分成更小的部分一样。否定总是包含了对新建筑的拥护者所反对的建议。

如今，新秩序的架构是摆在我们面前的——无论是平面还是体量。这个新秩序没有使用古老的拟人化比例，取而代之的是抽象的（纯粹的）主题或来自技术的主题。技术进步提供了许多新的可能性，为许多新架构的技术和正式解决方案奠定了基础。这不仅适用于细节，也适用于开放金属接头或其他（如铆钉、托梁或拱形梁）。规则本身已成为技术，因此更机械。拟人化的比例和节奏被机械的或技术的比例所取代，它们不断重复着相同尺寸的部件或逐渐变大。因此，新的节奏就像工业化时代的大型建筑工地一样机械而单调。

对称性也被废除了。一名建筑师寻求妥协或屈从于强大的压力，选择了对称的平面或立面——毕竟，统治阶级的品位并没有改变，不管先锋派的所有发现——被认为是进步的朋友。对称是过去和过时的同义词。另一方面，新的建筑则在朝着动态构图的方向努力：锐角、对角线排列和创新的体积组合。它还找到了新的错觉方法，令人惊讶的是，这种方法并没有强调这种结构，而是试图否定这种结构：一个由柱子向内推的光滑的角落；隐藏承重墙的支撑或部分的水平条形窗；一层楼的薄而不透明的柱子给人一种飘浮在空中的感觉，而不是明显的支撑。

技术和抽象取代了人类对细节的比例和与之相对应的形象特征。在这个系统里再也没有装饰的地方了。装饰仍然被用在纺织品和其他形式的"应用"艺术中，但是当涉及新的建筑时，这些装饰是"罪恶的"，正如卢斯（Loos）在前面提到的文章中所描述的那样。事实上，

对科技的热情将建筑改造成一种美学的工程，但新建筑材料的使用，从古罗马混凝土进化来的现代混凝土，甚至是被迫的，建筑师们在某些情况下遵守了过去的建筑法则。这些规律是凭直觉从万有引力定律中推导出来的，与未来飘浮空中飞船的新建筑主题毫无共同之处。

所有的事情都被废除了！首先，也是最重要的，古典秩序，建筑立面的比例安排（它的"脸"），以及事实上，立面本身的类别。这与艺术中逐渐"根除"的比喻同时发生，这种现象表现在对现实（也就是说，非抽象的现实）和人物的排斥上。因此，视觉艺术和建筑都经历了相似的过程：绘画感觉它已经用尽了现实主义的极限，而建筑则继续与过去保持距离。在建筑学上，人们觉得具象元素——同样是一种现实主义——已经被耗尽了。在诗歌中，首先废除了押韵，因为它也已经筋疲力尽，然后是平仄。在某种程度上，我们也可以把押韵看成是一种装饰，是对整体的一部分的总结，就像一根柱子的顶梁，而严格的平仄则是古典秩序的一种形式，是一种装饰的组织系统。

所有这些形式现在都属于过去了。第一次世界大战后，意大利未来学家，尤其是桑特·埃利亚发现了一个清晰的视角，从这个角度来看待创新的建筑，从下面斜看。他们创造了一种运动的幻觉，一种新建筑节奏中机械的敏锐。起初这只是纸上谈兵，但后来新的想法和技术开始应用于建筑。在这里，最重要的事情发生了变化，就像先锋派（这种新建筑无疑是最前卫的）一样，在很大程度上发生了变化。这通常与卓越的品质或意义无关，而与设计一项技术所涉及的重点有关。由于过去的建筑基本上被"遗忘"了一样，我们并没有看到对旧的彻底

根除，而是几乎同时构成了新的。

俄国革命最著名的诗人玛雅可夫斯基（Mayakovsky）曾说过："诗是通往未知的旅程。""这是先锋派诗人的想法和隐喻性的幻想，同样适用于先锋派的建筑。"

新建筑征服世界的历史已经写过很多次了，然而我们的观点是它从未真正被书写过——甚至没有一个简单的描述。这个断言可以基于这样一个事实：很难确定一个大师和小组的优先级。我们并没有声称要对这个故事进行完整的叙述，也没有试图记录先锋派的观点是如何展开的（或者在发展过程中形成的紧张关系是如何分散的）。我们只会停下来检视我们认为对这本书重要的发展阶段。

在法国，勒·柯布西耶（Le Corbusier）发现了新的形式。这个建筑天才似乎自己开发和创造了所有的形式和技术。他对新建筑的五项原则构成了新建筑进一步发展的基本纲领。它们是这样的：开放平面——以前的平面图被大量的柱子或墙壁所限制；换句话说，他们不是自由的。现代建筑技术提供的跨度宽度允许更少和更轻的支撑元素，这意味着空间可以打开以实现新的功能。

没有装饰的，实用的，在某些情况下不承重的外墙——以前的立面是承重外墙不可或缺的装饰部分，但现在它不再需要在建筑中，这意味着它可以是独立的材料和形式。

独立的立柱，特别是在开放的地面空间——这就结束了较轻的上层和较重的基座的视觉原则，这更符合物理定律。相反，他们创造了一种漂浮的错觉，使在底层创建一个公共空间成为可能，而这一空间现在基本上摆脱了结构性需求。

条带窗——这是一种额外的虚幻装置，可以让房间

图 6.1 勒·柯布西耶（Le Corbusier）在莫斯科唯一的建筑是消费者合作社中央联盟大楼。在这里，我们可以看到动态的形式、浮动的体积和激进的条带窗口

更明亮：据说垂直排列的开窗可以让光线更少。

平屋顶——这样的屋顶可以形成屋顶梯田，在温暖的气候中是重要的居住空间。它被极具争议性地设置在过去的山形屋顶上，而这更适合在寒冷的气候下保护建筑物不受雨和雪的伤害。

勒·柯布西耶（Le Corbusier）在十几栋别墅和几栋较大的建筑中实践了这一系列设想。新的建筑找到了它的化身，被物质化。

在荷兰，风格派使用新形式建造建筑。他们的新作品是一种独特的版本，与绘画中的正式节奏和蒙德里安

图 6.2　库尔特（Kurt）在德累斯顿的肉类加工厂（1930 年）借鉴了门德尔松的表现主义美学和雕塑手法

（Mondrian）的作品更有关系。结果是令人印象深刻和值得注意的，因为小组成功地将绘画中的几何抽象转化为建筑作品。它们的外观与布拉格出现的建筑不同，例如，立体主义的原理在同一时期的建筑中得到了体现。在魏玛共和国，创新的冲动在战后分裂成两股潮流。

一方面，有埃里希·门德尔松（Erich Mendelsohn），他已经把自己的表现主义阶段抛在了身后。在战后时期，他与汉斯·波勒齐格（Hans Poelzig）和赫尔曼·芬斯特林（Hermann Finsterlin）一起成为这一文体走向的主要代表之一。门德尔松（Mendelsohn）

创作了他自己的表现主义风格的变体。它的特点是突出的圆角和格言式的形式，呼吁精神运动，甚至飞行。另一个德国风格的变体是包豪斯（Bauhaus）。包豪斯是一群建筑师、艺术家和设计师组成的团体，他们创立了一个实验室。沃尔特·格罗皮乌斯（Walter Gropius）为包豪斯设计了一座建筑，体现了新的建筑风格。这座建筑讲的是它自己的语言，一种不同于勒·柯布西耶的语言：它有更多的说教性质，更强调细节，有时成为象征。这种风格几年后被汉斯·夏隆（Hans Scharoun）采用，布鲁诺·陶特（Bruno Taut）则代表了一种相当克

图 6.3　鲁萨科夫工人俱乐部，由康斯坦丁·梅尔尼科夫（Konstantin Melnikov）设计。与埃尔·利西斯基（El Lissitzky）设计的水平摩天大楼一起，这座建筑成为 20 世纪和 21 世纪所有柱形风格建筑的原型

制的风格。除了这些大师，我们还能找到密斯·凡·德罗，他对象征科技的手法毫不妥协的热情，可以从他为柏林弗里德里切大街建造摩天大楼的计划中看出；然而，他只有在离开德国移民到美国后才能将他的设计付诸实施。

最后，新风格将在苏联经历一个不寻常的发展。这种风格，通常被称为结构主义，有三个阶段：早期阶段主要在纸上表现出来；中间阶段是自治和实验阶段；最后阶段是同时发生的胜利和悲剧。

早期，在莫斯科国立艺术学院设计学院（1920～1927 年）的工作坊中，意大利未来主义和德国表现主义结合了来自科技世界的主题。这种融合与社会主义革命的实验以及西方建筑师的经验产生了共鸣。此外，苏联档案发现自己面临着一个独特的挑战：1918 年，首都从彼得格勒迁至莫斯科，当时莫斯科主要由两层和三层建筑组成。一个全新的、极具创新精神的共产主义世界的首都将在那里建立起来。自然地，这个项目吸引了所有有才华和坚定的前卫艺术学家来到莫斯科，他们在那里建立了建筑学校，希望能教育新风格的创造者。彼得格勒后来改名为列宁格勒，成为反对派的温床。无产阶级新古典主义者带头反对激进主义，在 20 世纪 30 年代早期，先锋派被取缔。

中间阶段给了我们一些建筑，其中由康斯坦丁·梅尔尼科夫（Konstantin Melnikov）和伊利亚·戈洛索夫（Ilya Golosov）设计的莫斯科俱乐部是非常重要的。这些俱乐部是技术、正式表达和情感复兴如何在苏联的新风格最好的建筑中共同工作的重要例子，并导致了一些杰出的设计和正式问题的解决方案：梅尔尼科夫"说机器元素"，引发了建筑的形式的齿轮和其他机器组件以及形式形状像一辆拖拉机，或抽象形式的古隆索夫（例如，玻璃量筒的大规模的束带的莫斯科顶层工人俱乐部）。这些设计是独立于他们在欧洲的联盟设计的，这支持了俄罗斯学校是自治的观点。这所学校设计了更有形的形式，表达了技术革命的情感基调，而不是服从它。在这一发展的顶峰时期，我们发现了标志性的雕塑建筑，它们的外形与莫斯科古老的城市结构形成了大胆的对比。正如建筑师们自己所说，"我们带来了新的和谐，我们带来了对比的和谐，这是基于我们与周围环境的深刻对话。"通过这种方式，他们处理历史过去的全新方式，使过去成为他们建筑构成的一部分，提供了更深层

次的视角，赋予了它意义。勒·柯布西耶在巴黎设计了新的高层建筑，他认为历史建筑应该被拆除，因为他认为这些建筑已经过时，无法使用。然而，俄罗斯的构成主义者有意识地让新旧两个对立的因素相互冲突，这导致了一种本质上的新的对话形式：对比的对话。我们相信，这一原则很快就被世界各地的建筑师所接受。它构成了 20 世纪和 21 世纪现代建筑的独特优势和弱点。

构建一个新社会的国家实验，以及它自己的符号，鼓励人们寻找一种合适的建筑表现形式。基于这一基本思想，建构主义在 20 世纪 20 年代末到达俄罗斯，并在 20 世纪 30 年代初达到顶峰。建构主义建筑在重新设计的城市景观中成为引人注目的元素。最大的关注不仅是那些拥有大量为日常使用和社会功能设计的集体空间的建筑，还包括公共建筑：市政建筑、火车站、出版社、百货商店和工人俱乐部。它们实际上是高调竞争的结果，突显了这种反差，并引发了大量讨论。在俄罗斯，这一阶段与雅库夫·切尔尼科夫（Yakov Chernikhov）和伊万·莱奥尼多夫（Ivan Leonidov）富有远见的画作相呼应，他们以令人印象深刻的方式代表了新建筑的空间构成，促使建构主义建筑进行新的正式的"转折"、新的宏伟层次，以及针对旧的反动环境的新论战。

在这一点上，在苏联的新风格中没有比德国更多的住宅区，但是建筑本身有另一个维度。新的档案建筑涉及艺术的各个领域，仅仅是它的外观和它所举的例子就对戏剧作品和服装产生了影响。它并不总是像包豪斯大师的作品那样获得同样程度的细节，但它确实表现出前卫思想固有的新颖和独创性，并试图表达这些特点。这使得先锋派的一个前哨站出现在苏联，

尤其是在莫斯科，尽管它也在叶卡捷琳堡达到了惊人的高度。世界各地的建筑师、研究人员和建筑爱好者都无法抗拒这种极端想法的诱惑。它提供了一个全新的城市发展和美学概念，延伸到与历史环境对话中明显的鲜明对比。我们将这一概念描述为对比的和谐，而不是经常提到的类比的和谐。

世界上最著名的现代建筑师，如勒·柯布西耶（Le Corbusier）、汉内斯·迈耶（Hannes Meyer）、安德烈·勒卡特（André Lurçat）和恩斯特·梅（Ernst May）为了在俄罗斯工作而移居俄罗斯。沃尔特·格罗皮乌斯（Walter Gropius）曾在苏联参加国际比赛。这些建筑师分享了俄罗斯先锋派的思想，因此可以说是参与了这一独特的现象。例如，俄罗斯建筑师李西斯基（El Lissitzky）与包豪斯（Bauhaus）积极合作。结果是，新建筑的世界在国家之间得到统一。

新的美学在日常生活中得以体现：家具、日常用品、戏剧和电影。建筑和日常生活中的新风格试图征服其他风格，并在一定程度上实现了一种极权主义的力量。在他的别墅和住宅里，勒·柯布西耶（Le Corbusier）热情地寻找那些能打动自由资产阶级或波西米亚环境的形式。他只能梦想，新的美学将影响到生活的每一个领域，达到它在苏联超过十年的程度。包豪斯的建筑师们在柏林、汉堡、斯图加特以及富裕的郊区维勒拉斯都建造了住宅，但在20世纪20年代，他们不可能像苏联那样，宣称这种新的美学是无处不在的。这是苏联后期构成主义最令人兴奋的一面：它是新建筑的普遍风格的物化梦想。

当这种风格正在积极地传播时，出现了一个值得注意的发展。建筑先锋派破坏了特殊建筑与城市景观之间的平衡。新建筑同时要求普遍的有效性和美学的独特性——尽管声明了大规模住房的优先权。它在各个方面都是革命性的，这就是为什么它破坏了属于标志性的，特殊的杰作和城市背景的建筑之间的平衡，它的人性化的比例，微小的细节，以及那些拟人化的和人类可以联系到的表面。然而，这种城市背景在城市规划方面发挥了重要的作用，它为独特的事物建立了一个谦逊而有价值的框架。在一个典型的历史城市中，这样的"背景"建筑占建筑环境的70%至80%，从而构成了绝大多数的建筑。在新时代开始之前，这种建筑是自由的：蒙昧的，落后的，乡土的，甚至是狭隘的和沉闷的。但现在，这一多数人发现自己受到了攻击，因为凯旋风格的建筑师们设计（并建造）了整个城市住宅区，这些住宅区的建筑都是同类型的，公寓都是标准化的，里面塞满了标准化的家具。

在这里，人们可能会提出以下反对意见：帝国风格（连同庸俗的中间阶级的"亚风格"）或历史主义不是表现出同样程度的风格统一性吗？我们的答案是肯定的，有一种趋向于统一体的倾向，但这并不需要放弃细节和装饰。这种装饰细节传统上是由当地的艺术家和工匠制作的，但新的美学导致了这样一种情况：这些艺术家和工匠不再需要"为人民"（应该说，是从人民的阶层中画出来的）。伟大的艺术家们现在想要自己做所有的事，做小艺术家和工匠们以前做过的事——他们致力于为大众服务，把自己的发明标准化，并在流水线上生产出来。在这里，我们已经可以看到一种趋势，这种趋势后来会全面展开：新建筑的乌托邦式冲动，以及它与所有人的被迫平定及其生活环境的直接关系。在这种情况下，这种平等是真实的还是仅仅是人们所希望的这个问题就不那么重要了。

值得注意的是，这种"失衡"遇到了强烈的阻力。新建筑的居民不仅想要一个坚固而实用的地方居住，而且想要一个外观漂亮的建筑。这是来自"下层"的阻力。

但也有来自"上层"的阻力。贵族和上层中产阶级发挥甚至增加了他们的影响力，就像资产阶级民主那样，这些群体希望展示他们的地位、财富和影响力。新的建

图6.4　莫斯科左夫工人俱乐部（1927年）；建筑师伊利亚·戈洛索夫：（Ilya Golosov）是建构主义最具表现力和知名度的例子之一。这座建筑由规则的几何图形组成，证明了立体派对其设计的影响。该构图的中心是一个垂直的玻璃圆柱体，它将整个体积连在一起。邻近的建筑是工业建筑的纪念碑：缪斯卡亚电车车站（1874）。结果是两个根本不同的原则之间对比的和谐

筑没有提供这样的方法（事实上，唯一可用的方法是有意识的，但有时令人震惊，与历史环境形成对比）。新别墅确实代表了开放和自由——但是传统的身份和特权的谨慎表现却不能被新风格所传达。在西方，似乎大多数委托建造新建筑的人从未学会利用新语言来表达其独特性。在某些地方的权力是极权主义或者至少专制力量，它被认为是政府的真实实例，它确实是——也就是说，它有足够的权力和权威，这些力量希望表达他们的重要性，位置，可能在尽可能的表达方式。在这里，也出现了对新建筑的抵制。正如我们将在下一章看到的，这些力量将在未来的岁月中变得越来越强大。

第七章

最后一代构型：装饰艺术与集权的新古典主义

很多人对这一时期感兴趣，但它从未在 20 世纪建筑史上得到它应有的地位。这是为什么呢？以现代建筑的角度来看，这是一种倒退，一种退后，一种失败，一种对先锋派原则的暂时放弃。此外，这种风格之尾声与 20 世纪最残暴的独裁政权有关，并直接与他们的暴行有关。

它早期是什么样子的？因为各种原因，处处都不同，有很多理由。首先，需要强调的是，我们讨论的是两种风格，一种是相互平行的，另一种是彼此独立的。甚至可以被结合在一起。一种风格保留了纯粹的形式，但是增加了来自不同民族传统的装饰和装饰。这就是所谓的装饰艺术。另一种风格则回归到喜好夸张与巨大石构的新古典主义。这种风格尤其在集权国家得到了积极的发展，例如在斯大林时代（the Stalinist era）的苏联，它与装饰艺术元素相结合。

让我们从装饰艺术风格开始。这种风格有它自己的地理轨迹和传播的历程，也有它自己的主题，有它自己的风格特征发展的过程。然而，它并没有普遍的特征，也不是包罗万象的。它与先锋派风格比邻而居，但从未侵犯过邻居的领土，宁愿让步。它的本质是矛盾、顽皮却真诚的。它喜欢使用典故：如采用仿生联想，或不同的民俗传统和历史风格。但它对特征的表达却也是极严肃的：装饰艺术风格常采用昂贵的装饰。用饰面来增加丰富程度是一种选择，但真正炫耀财富还有赖于：宝石、黄金和其他珍宝。通过彰显豪华来炫耀资产阶级的成就。这种风格也注定了它后续的命运：即使到了今天，装饰艺术派仍然是一种适合公开炫富的风格。

装饰艺术无疑是新艺术风格的延续，它巧妙地实现了这种风格，改变了自然形态和历史主义。它出现在 20 世纪 20 年代的法国和比利时，在美洲大陆的北部和南部都取得了巨大的成功。这种风格可以在室内设计中表现出来，它可以栖息在雕塑装饰的、优雅的立面上，也可以用于建造大量摩天楼。纽约有两座著名的高层建筑，它们在国际上享有盛名：克莱斯勒大厦（Chrysler Building）和帝国大厦（Empire State Building）。

图 7.1　位于纽约的 44 层埃塞克斯豪斯酒店（Essex House Hotel）被认为是装饰艺术的典范

图 7.2　中央公园街角的第五
　　　　大道：纽约装饰艺术
　　　　风格的金字塔形的摩
　　　　天大楼的又一个典型
　　　　例子

图 7.3　在布宜诺斯艾利斯的主要街道之一阿韦尼达·罗凯·萨恩斯·佩纳大街（Avenida Roque Sáenz Peña）上的正面毫无疑问地带有新古典主义和装饰艺术的元素

同样的风格特征可以在 20 世纪 30 年代的苏联建筑风格中找到,当时苏联政权正试图用一些不那么禁欲的东西来取代非法的构成主义,以便"无产阶级专政"能够炫耀它在促进普遍繁荣方面的成功。阿列克谢·休谢夫(Alexey Shchusev)和丹尼尔·弗里德曼(Daniil Fridman)的建筑和阿列克谢·杜希金(Alexey Dushkin)和德米特里·切朱林(Dmitry Chechulin)的地铁站,虽不尽然如此,但也可以大致被归类为装饰艺术派。这些都与 20 世纪 30 年代,苏联的情况有关,这也适用于什丘谢夫(Shchusev),还有弗拉基米尔·什楚科(Vladimir Shchuko)和弗拉基米尔·格弗雷克(Vladimir Gelfreykh),大多都是从同一年代的晚期装饰派艺术中得到灵感的,尤其是从法国和美国的装饰派那里。这种风格后来的版本(东京宫和巴黎的类似建筑)与古典秩序建筑之间进行了激烈的对话,通过改造和拆除古典建筑为自己开辟了一条道路。

装饰艺术派似乎满足于放弃更不朽的风格:在意大利和斯大林的苏联,它被集权新古典主义所取代。在法国,20 世纪 20 年代末,装饰艺术的一个分支试图融合前卫的建筑风格,但却不巧冲淡了它。罗伯特·马尔利特·史蒂文斯(Robert Mallet-Stevens)设计的一整条别墅街道巧妙地模仿了勒·柯布西耶的美学风格,但曲线更精致,阳台也比任何先锋派建筑师所能想到的都更有趣。同样的趋势在 20 世纪 30 年代早期其他欧洲国家中也表现出来:在比利时、苏联〔如,伊利亚·戈洛索夫(Ilya Golosov)的后构成主义〕、波兰、爱沙尼亚、拉脱维亚和立陶宛。

综上所述,我们可以说,装饰艺术对应于先锋派建筑,反对抛弃装饰和人的比例。这种反应通常表现在拥有民主政府的国家(苏联是一个例外,即使是在那里,也只是在 20 世纪 30 年代初,集权政权短暂采用过)。在装饰艺术形式的直接发展过程中,它的主题呈几何级数地被打磨和规整。另一个发展方向是后来的流线型现代主义,这导致了前卫建筑和中上阶层生活方式的结合。对豪华家具和精美艺术细节的热爱,在所有的变化中始终如一。在 20 世纪 20 年代,为了适应新古典主义的主题,一些解决方案得以发展,后来发展成不朽的甚至是野兽派的特征,但不失其优雅。以半个多世纪的时间跨度来看,装饰艺术派可以被视为灾难前夕的"杜嘉生活"(dolce vita)实验,但它可能缺乏必要的决心。来自现代主义和新古典主义阵营的反对装饰艺术的人,我们接下来会讲到,他们的观点要激进得多,对竞争者也更加敌视。

在集权国家,新古典主义风格远比装饰派艺术更容易体现出坚定性。他们主张绝对化的环境设计,在一些国家,特别是德国和苏联,它们被普遍应用。集权新古典主义在意大利诞生,尽管在 20 世纪 20 年代俄国列宁格勒学派的"红色多立克"和德国的彼得·贝伦斯(Peter Behrens)和海因里·希特塞诺(Heinrich Tessenow)也有自己的理性主义形式,用于建造大学(虽然不是主要的)、疗养院,甚至是法西斯党的办公室。然而,集权主导了每个建筑实例。它源于阿曼多·布拉西尼(Armando Brasini)的折中主义罗马幻想,并在马塞罗·皮亚肯蒂尼(Marcello Piacentini)的作品中确立了自己的地位,成为一个成熟、精雕细琢的新古典主义体系。

集权意大利风格是新古典主义的一种抽象形式。它的节奏已经变得更机械了，但是建筑柱式和结构比例的概念仍然在每一栋建筑中都存在。红砖砌墙和石灰化的细节和轮廓都直接与罗马帝国有关。雕刻的石刻碑文，风格独特的镶嵌图案和石制浮雕，追求不同建筑风格的合奏，都以统一的风格来体现他们的风格。随之而来的没有对比的建筑，在集权新古典主义的所有流派中都是如此的。所有的元素都是整体的一部分；必须严格服从不允许例外。这确实保证了品质，尽管与文艺复兴或古典标准相比显得苍白无力。

因此，我们可以看到，在皮亚奇尼（Piacentini）的思想和形式的支配下，由于理性主义者可以同时存在，而不享有绝对的统治地位，在意大利，一种统一风格就形成了。在20世纪20年代，尤其是在30年代，它在罗马郊区的居民区发展成为新古典主义的变体。在这种背景下，新古典主义思想的抽象和正式化达到顶峰的结果，就是那些引人注目的建筑：例如，都灵工人文化宫（Palazzo del Lavoro），或者罗马世界博览会的EUR合奏团建筑（1938～1943年；乔瓦尼·格雷尼（Giovanni Guerrini）、埃内斯托·布鲁诺·拉·帕杜拉（Ernesto Bruno La Padula）和马里奥·罗马诺（Mario Romano））。其他典型的例子包括高度装饰的建筑和奢华的新古典主义的装饰，就像墨索里尼的部分风格：德拉法内西纳宫（the Palazzo della Farnesina，或称维托里奥维内托宫，Palazzo del Littorio）和恩里克·德尔·德比奥（Enrico Del Debbio）设计的大理石体育场（1927～1935年）。

意大利法西斯建筑享有相对的自由，这与真正集权的纳粹德国新古典主义建筑的传播形成了鲜明对比。1933年，包豪斯建筑学院关闭，前卫派建筑师被迫流亡到美国或英国，之后再没有其他替代的风格或潮流。德国建筑学的主要人物是保罗·路德维希·托洛斯特（Paul Ludwig Troost）和艾伯特·斯皮尔（Albert Speer）。他们创造一种新古典主义的风格，延续了19世纪前半段的记忆〔主要以利奥·冯·克伦泽（Leo von Klenze）的工作为代表，以及卡尔·弗里德里希（Karl Friedrich Schinkel）和路德维希·佩尔西乌斯（Ludwig Persius）〕，然后是20世纪初的新古典主义〔其主要支持者是约瑟夫·霍夫曼（Josef Hoffmann），教出了楚思德（Troost），海因里希·特森诺（Heinrich Tessenow），教出了斯皮尔（Speer）〕。

古典主义被认为具有不容侵犯的不朽价值，是世界遗产的基石，它赋予每一方建筑空间以文化，为每一座建筑提供历史深度。这就是当时盛行的古典主义理念在集权风格中的应用的理论。但是德国的建筑师们很少运用古典主义主题，他们更感兴趣的是古典遗产的抽象化而不是发展。他们可能会安装一个门廊，但是用的是高架而不是柱式；如果他们运用檐口，它会被简化为前凸的檐口。如果他们运用节奏，那就是有意识的机械和单调。简单的色彩，超人的尺寸，无尽的窗洞节奏，简化的滴水石（或者索性取消）——这些都是这种风格建筑的主要视觉元素。

整体外观比较厚重、坚实，没有明显的人体比例关系，但易于适应不同的结构方案。住宅区和办公楼强调传统的德国建筑特色：三角屋面、用黏土、拱廊和壁龛装饰的哥特式框架入口。这是一种日常生活方式，在德

图 7.4　建筑幻想：对罗马的拉弗罗宫
　　　 的想象渲染

图 7.5　由保罗·路德维希·托洛斯特（Paul Ludwig Troost）设计的 1937 年在慕尼黑的德国豪斯堡的巨型柱廊

国以东的各个国家传播，在那里，大学和艺术学校将这种风格作为正统，将历史风格融入新建筑中。

20 世纪早期，城市住宅和郊区别墅都是在圣彼得堡和莫斯科附近为贵族和中产阶级而建造的。这些建筑采用了俄罗斯古典主义风格和各种版本的文艺复兴风格——主要是帕拉迪安风格（the Palladian）——由伊凡·福明（Ivan Fomin）、弗拉基米尔·什楚科（Vladimir Shchuko）和伊凡·祖尔托夫斯基（Ivan Zholtovsky）所设计。阿列克谢·什丘塞夫（Alexey Shchusev）受皇室委托，从 12 ~ 17 世纪彼得大帝之前的风格鲜明的建筑出发，发展出新俄罗斯风格。

似乎自相矛盾的是，1917 年革命后，布尔什维克人支持为沙皇工作并已取得名望的建筑师，当然也可能是这些建筑师找到了一种讨好布尔什维克的方法。在 20 世纪 20 年代，福明（Fomin）、舒克（Shchuko）和扎霍托夫斯基（Zholtovsky）继续他们的新古典主义实验（尽管放弃了纯粹的新古典主义，转而支持现代的形式）。福明（Fomin）从他在彼得堡学院最有才华的学生中，挑选了一批革命新古典主义的信徒。他们从未停止过对古典建筑的信仰，并将其视为建筑进步的顶峰，并将这种对古典的尊重灌输给他们自己的学生。在 20 世纪 30 年代初，在莫斯科的第一轮国际竞争中，莫斯科的苏联人，既吸引了全世界的先锋派建筑师（格罗皮乌斯、勒·柯布西耶、维斯尼兄弟以及梅耶）；又吸引了新古典主义者（布拉斯尼和扎霍托夫斯基），斯大林背弃了对构成主义的支持，转而支持一种更为华丽细致的建筑。新古典主义者就这样再次成为了国家风格的设计师。苏联的建筑必须在斯大林的

领导下进行改造，清除所有现代主义痕迹。这是新古典主义的原则，但没有意大利的古典和德国的抽象概念。新的苏维埃风格经受着成长的痛苦，并沿着曲折的道路走向成熟。最初，它包含了构成主义的许多基本原理（这个垂直化被称为后构成主义），动态的和棱角分明的组成逐渐趋向了规则的、对称的体量和立面。革命时期的"红色多立克"与意大利新古典主义密切相关，并得到伊万·福明（Ivan Fomin，1936 年早逝）的支持，胜过了装饰派对新古典主义形式和元素的兼收并蓄。伊凡·扎霍托夫斯基（Ivan Zholtovsky）一直回避现代主义，他提出用文艺复兴建筑容纳新尺度和新功能也取得了一些成功。他在莫斯科的莫霍瓦亚（Mokhovaya）街设计的立面，将大面积的办公大楼玻璃与卡塔里雅托（Loggia del Capitaniato）的科林斯（Corinthian）风格柱式结合在了一起。这成为新风格的终极宣言，等于是判了苏联先锋派的死刑。

从那时起，住宅建筑看上去就像庞大的佛罗伦萨帕拉齐（Florentine palazzi），疗养院和学术机构都被装饰以帕拉迪奥别墅的立面。苏联建筑师研究了 15 ~ 16 世纪的意大利文化，其中一些人甚至在苏联时代前就亲眼见过，他们利用这种文化遗产为意大利和德国的集权新古典主义创造了丰富多彩的选择。

集权风格都一样吗？是，也不是。在意大利，新古典主义与功能主义和理性主义几乎是平等的（尽管新古典总是优先于其他的）。德国和苏联，驱逐并禁止了现代主义风格，只有那些采用集权风格的建筑师才能继续工作。在德国和苏联，建筑完全被集权新古典主义风格所主导。只有在私人房间和部长级办公室的

图 7.6　列宁，从上到下：对 20 世纪 30 年代苏联宫殿和苏联新古典主义建筑的富有想象力的描绘（左）

图 7.7　对莫斯科伏尔加河上装饰艺术风格的大门富有想象力的描绘，以苏联符号装饰的不朽风格（右）

图 7.8 《建筑师的办公室》: 对 20 世纪四五十年代苏联建筑富有想象力的描绘。它展示了莫斯科塔与周围环境的关系，以及所有斯大林高层建筑的原型：苏联的宫殿，上面有巨大的列宁雕像。传说中的计划是让列宁的头颅足够大，可以在其中举行会议。李斯斯基（Lissitzky）的水平摩天大楼（Wolken bugel）飘浮在空气中——在斯大林时代，构成主义的思想仍然是建筑师们的首要思想

室内设计中，人们才明白，虽然新古典主义风格可能是设计正式大厅的理想风格，但它并不适用于小客厅或餐厅，不适于沙发、灯、桌子或椅子，也不适用于机器或轮船的设计。对于这样的功能性物件和内部装修，使用装饰艺术元素已经习惯成自然了。这似乎有些矛盾，但这只是开始。当你思考的时候，新古典主义的情感基调令人不安——它与私人生活和日常领域是格格不入的——事实证明，它与人类尺度相去甚远，因而让人感到疏离。相对简单的，"人本的"装饰艺术的细节为这项任务提供了一个更合适的可选择的内容。然而，在苏联，战后的岁月里，人们试图用其他历史风格来设计日常用品和家具，例如帝国传统风格。

德国的纳粹主义和意大利的法西斯主义在第二次世界大战结束时被打败了。自那以后，新古典主义风格就一直与他们赖以兴盛的政治制度联系在一起，如今也随之消失了。

在苏联，新古典主义在战争结束后继续存在。一个学派（扎霍托夫斯基学派）继承了意大利的新文艺复兴传统；其他人则试图融合新古典主义、艺术装饰风格，甚至是新俄罗斯风格〔施楚夫（Shchusev）的建筑、列弗·鲁德涅夫（Lev Rudnev）的摩天大楼、弗拉基米尔·格弗雷克（Vladimir Gelfreykh）、米哈尔·明克斯（Michail Minkus）和列昂尼德·波利亚科夫（Leonid Polyakov）〕。莫斯科的七座高楼清楚地展示了纽约和芝加哥摩天大楼的影响，它们的设计融合了装饰艺术和古典建筑柱式的元素。

新古典主义从苏联远播到了许多战后成为"社会主义"的国家。在东欧，这包括东德、波兰和罗马尼亚，在亚洲有蒙古和中国。这种建筑成为"真正的社会主义"国家的标志，是区分德意志民主共和国和联邦德国、越南民主共和国和越南共和国、朝鲜和韩国的一种方式。

在我们看来，集权风格不仅主张单一性（除了私人领域，甚至与私人领域有很大的矛盾），而且往往还实现了它。在斯大林统治下的苏联，乌克兰的集体农庄管委会（或称：集体农场）、弹药库、加油站和轨道电车车站都采用了同样风格。这种风格是自上而下的，具有理论基础。最重要的是，整个建筑行业都按这种风格来配置，因此每一处细节都可保证相对较高的标准。

1953年斯大林的逝世，使新古典主义在苏联几乎立即结束，尽管斯大林时代存留宫殿和高层建筑的施工仍在继续，并在随后两年半内完工。但是，1955年11月4日，政府法令《关于制止设计和建筑方面的浪费行为》终止了任何可能使建筑物更加昂贵的装饰因素。

这一事件，标志着世界建筑地图上一个重大变化时期的高潮。随着法西斯势力的毁灭和对斯大林个人崇拜的最终清算，人们对新古典主义建筑的态度发生了变化，无论是整体风格还是"过度"装饰的元素，都被视为一种堕落的附属物，创造它的是政治强权。当然，这是极不公平的。我们不认为艺术作品应该根据其所处时代的政治制度的民主或人道程度来评判。古罗马的杰作，例如斗兽场，并不能让我们今天联想到的非人性的场面与景象。同样，我们也不能把中世纪或巴洛克建筑，与宗教裁判所的历史联系起来。但是，极权对本国人民和他国人民所犯下的罪行，由之而生的人民的悲惨命运是如此的沉重，以至于我们不可能对政治视而不见听而不闻，而仅从艺术的角度来看待它们。战前，许多国家认为新古典主义建筑是解决大型公共建筑的好办法。以华盛顿的国家美术馆(National Art Gallery)为例，该美术馆建于1941年，是根据一位坚定的新古典主义学者和博物馆建筑专家约翰·罗素·蒲柏（John Russell Pope）的设计建造的。战后，在新的自由世界，建筑观必须从根本上加以改变。

门德尔松、密斯、格罗皮乌斯、斯查伦、梅尔尼科夫——这些先锋派大师在独裁统治下受苦受难，惨遭流亡或被禁止执业——他们从未放弃过新形式，声明追求自由建筑而非新古典主义。世界接受并臣服于国际现代主义建筑——先锋派思想的直接继承者。

在先锋派出现之前，装饰在每一种风格和每一种民族传统中都扮演着重要的角色。突然间，装饰成为秩序森严的新古典主义体系的一部分，而被禁止使用，所有形式的装饰都与犯罪政权有关。建筑被夺走了装饰，而装饰本可以与建筑互相映衬、相得益彰，让建筑更从容地面对时间的流逝，更温文尔雅地老去，而拉近与人的距离。

图 7.9 一座新哥特式建筑，周围是典型的纽约装饰派艺术风格的摩天大楼

第八章

第二次世界大战后现代主义的胜利，短暂的后现代主义与现代主义的复兴

第二次世界大战后，世界开始重建。在欧洲和北美，民主与现代主义建筑、艺术携手并进。在战后的气氛里，往往是激进的现代主义，与新古典主义格格不入，似乎也最能说明民主政治的倾向。

新古典主义由于与极权主义政权的直接联系而名誉扫地。20 世纪 50 年代早期，新古典主义建筑仍在苏联和"社会主义阵营"国家中发展。引起了另一场反对新古典主义和反对建筑装饰的争论。在苏联和社会主义国家的例子中，每个人都可以看出，"领导"（在这个例子中是"社会主义政权"）偏爱"柱子"、"檐口"、"高塔"和宏伟的立面装饰。这一观点的证明，可以在西班牙找到，在那里，即使在战后，佛朗哥独裁政权也开始建设抽象的新古典主义风格。

新古典主义就这样找到了替罪羊：首先，因为它的外形和装饰设计，被先锋派的拥护者认为是多余的，其次，因为它与独裁的联系。

20 世纪 20 年代的先锋派力量再次出现在舞台上，自 20 世纪 30 年代以来，他们一直被迫站在阴影中。

在法国，勒·柯布西耶从未割舍他的现代主义建筑。在英国，路贝金（Lubetkin）的思想又复活了。在西德，汉斯·夏隆（Hans Scharoun）从流放中归来，创造了一种新的前卫艺术。在意大利，理性主义者取代了马塞洛·皮亚肯蒂尼（Marcello Piacentini）和阿曼多·布拉西尼（Armando Brasini）。正如我们所知，意大利理性主义者从未被驱逐出境，并继续在法西斯政权下工作。密斯和格罗庇乌斯，在战争爆发前逃到美国，建造了极具表现力的建筑，来传达新建筑的美丽和精粹，包括了玻璃和金属时尚地使用，以及两者的结合，以及对优雅细节的追求。他们展现了一种不朽的机械化的节奏，是多么的富有表现力和功能性。

不引人注目但坚定的现代主义革命，改变了世界的建筑格局，20 世纪 20 年代的幻象和梦想以闪电般的速度建成了。城市的天际线由垂直和水平的矩形建筑物的平屋顶所界定。从前是立面，现在是铺装决定了街道的轮廓，而房屋稀疏排列，以角斜对着道路，有时，五六个相同的、未装饰的矩形建筑物组合在一起，

图 8.1　纽约摩天大楼：在大都会大厦（直到 1981 年，巴拿马建筑）的背景下，包豪斯创始人沃尔特·格罗皮乌斯（Walter Gropius）共同设计，这是战后美国建筑的国际风格范例

形成一个宽敞、开放的庭院。大量的空间，充足的光线，开放的、相互连接的表面，交通工具的入口，以及从过往车辆的窗户上看到的建筑——这些东西定义了新的城市景观。到处都出现同样的图案：双向车道通过城市，有人行天桥或地下通道；行列式的有阳台或雨棚的建筑物稀疏排列；公寓街区底部的商店都有浅浅的、光滑的延伸区。这就是勒·柯布西耶、包豪斯和俄罗斯构成主义思想的实现！

尽管看起来不太可能，但20世纪20年代的社会主义精神和建筑语言已经成为普遍现象。在这个过程中，这种语言获得了自治，脱离了中产阶级和技术官僚的价值观和对相信进步的社会主义思想。进步的精神在于建筑可以改变现实和世界。它决定了建筑师的工作方法，他成为一名睿智而仁慈的外科医生，用切口、手术、缝线甚至截肢来对抗社会和城市的障碍。可以肯定地说，战后的现代主义建筑与社会主义有直接的联系——社会民主承担了改造社会的任务，并且是在没有任何布尔什维克式的过激行为的情况下进行的。

这种新的全球架构的语言并不复杂。20世纪20年代的第一批建筑是鼓舞人心的，他们采取了大胆的简单和彻底的、非常规的小表面处理和空间组合。即使是最冷漠的观察者也会感受到他们的影响。但是，战后的建筑往往会融合成一种同质化的群体，在这种群体中，个体的可记忆的物体几乎不可能被识别出来。如果30%的优秀建筑具有某种令人兴奋的结构形式或一种特别精细的立面网格，那么剩下的70%只不过是简单的矩形。观看者的眼睛在这70%的立面上的网格节点上游移，在光滑的混凝土和玻璃表面上游移，在

图8.2 对现代主义居住区的想象渲染图

阳台雨棚上滑动，没有任何地方可以停下来。你只能说，"嗯，这就是战后典型的现代主义设计。"

战后现代主义鲜明的建筑语言传播到了应用艺术、家居装饰和书籍设计中。在击败竞争对手新古典派（neoclassisicm）和装饰艺术派（art deco）之后，这种风格变得普适而绝对化，占据了所有领域——从广告招牌到咖啡桌，甚至是打字机。风格内核越是止步不前，外在扩张反而越有活力。然而，现代主义的本质已经超越了"禁欲的真实"，而是否定了以往任何时代的所有风格。建筑上的简朴（体现在由立面网格连接起来的直线型建筑的激增）和与往昔彻底清算的动力，足以确保新形式如燎原之火一般蔓延。

20世纪50年代中期，社会主义国家如此彻底地接受了这一进程，以至于现代主义正式取代了斯大林的新古典主义。在这些国家，建筑项目比比皆是，其中一些成果在形式上是引人注目的。然而，尽管苏联

图 8.3　以现代主义艺术与建筑的结合为特色的城市区域的想象渲染图

和社会主义国家的第二次现代主义浪潮的元素无疑是非常强大的，但20世纪20年代的雄心已经变弱了。许多老的构成主义者，并没经历第二波浪潮；即使他们还在世，但几乎没人在专业背景下还能积极投身于此。新一代建筑师做出了协调一致的努力，试图"赶上"西方，但却没有有意愿来恢复自己国家的构成主义传统。在巴洛克和古典主义时期，俄罗斯的建筑师们发现自己陷入了类似的境地——永远注定要"赶上"法国和意大利——而不是遵循自己的建筑传统。

20世纪50～60年代的现代主义建筑遵循与西方同行相同的路线。如果它们之间存在差别，则是工业组装，预制单元（公共建筑较少用到）数量巨大而质量低劣，使得其使用者讨厌现代主义建筑。五层高的预制构件、统一围护结构，没有任何建筑特色代表了当时的建筑。后来，甚至同样类型的更高的高层建筑也被引入。他们的建筑是标准化的，只有序号才能区分。这些低质量、标准化的住宅区在今天依然令人生畏，并助长了对现代主义的厌恶。

新的城市发展之路，将平庸的现代主义，充斥了城市和农村的住宅小区。大规模生产揭示了现代主义设计的局限性与侵略性。这种形式只有在一些地方，缺陷才不那么明显，在这些地方，现代主义建筑在其鼎盛时期，与周围的历史遗迹进行了尖锐而激烈的对话。就我们而言，我们仍然记得在每本教科书上都出现过的苏联时代的一张照片：莫斯科加里宁（Kalinin）前景（现在是诺维·阿尔巴）的一座现代化高层建筑旁边的一座小教堂。这是现代主义如何吸引人的另一个例子，当它通过并置创造吸引人的对比。如果新建筑位于新开发的街区，附

近没有旧的历史建筑，眼睛很快就能识别出只有两三种不同类型的建筑，三四种类型的立面，五六种类型的空间组合。在西方，这些一群群的统一住宅就像在苏联一样，是厄运和阴郁的象征。

这种厄运感伴随着战后的现代主义——或人们所熟知的国际现代主义——无论它走向何方。公寓失去了它们的特性，并融入同质的人群中。反对资产阶级的同质性的斗争导致了单调。新的住宅区彼此之间变得难以区分；柏林和罗马几乎无法区分，东柏林和西柏林也是如此。但最灾难性的发展，是现代主义建筑与历史环境的关系。现代城市规划原则与历史环境的差异是如此之大，以至于在城市发展中，这两者不仅被证明是不相容的，而且往往势不两立。

现代主义袭击了历史城市。它不断取得进展，意图拆毁或摧毁旧的，或者至少是清理一条道路，咬掉一部分，并在原有的地方移植新的城市开发系统。所有这些侵略和破坏的理由，是与过去悲惨的社会和城市条件作斗争。现代主义者认为，旧的居住空间缺乏光和空气，而建成区域与主干交通的连接效率很差。他们对过去的主要批评，本质上是，老房子变成了糟糕的生活机器，公共广场没有足够的设备来应付交通，而且看上去也过于拥挤。这种情况需要用新的住宅区，新的公共建筑，新的广场和新的主路来无休止地加以干预。

对历史城市景观的干预，在一开始并不具有明显的攻击性。在历史悠久的市中心被炸毁后留下的空地上建起了单独的新建筑，这些城市被一两条双向车道切割，新的住宅区建在它们的外围。但越来越多的新城市将建在旧城市的基础上，并以牺牲旧城市为代价，

使历史城市景观减少至不复。越来越多的新建筑被投入使用，围绕着它们组织了一种新的城市景观（当然是在建筑师的帮助下）。新的城市景观与历史上截然相反。由来已久的城市景象被删除了。在那些受战争影响最严重、需要重建的城市，这一过程相当艰难。社会主义新城市也是如此。柏林、汉堡、莫斯科和伦敦，以及巴黎的部分地区，都发生了大规模的拆迁和重组。居民们为拆迁感到悲伤。他们渴望有蜿蜒的小巷和有山墙屋顶的装饰房屋，渴望有墙柱和其他的艺术效果的老式正面。然而，建筑师们却毫不留情。

危机，是在与历史的碰撞中产生的，现代主义决心要消除这一危机。危机一直持续到今天。国际现代主义是第一个真正引起抗议示威的风格。

现代主义第二次危机的根源，在于缺乏可用的形式。可以说，到 20 世纪 60 年代初，最重要的形式已经枯竭。勒·柯布西耶首先认识到立面网格的发展，几何正交的形式已经走到了尽头。然而，正是勒·柯布西耶发明了现代主义的新雕塑变体。他开始把思维从直角几何转向曲线几何。新陈代谢派和野兽派也面临着同样的危机，尽管是以非常不同的方式，试图用彼此较远的、原始的、避免直角的雕塑形式来克服危机。奥斯卡·尼迈耶在卢西奥·科斯塔的帮助下，设计巴西利亚城市中心的那段短暂时间里，他的建筑语言几乎囊括了今天仍在使用的，所有轰动一时的作品和曲线形式。

20 世纪 70 年代的现代主义风格（此趋势在西欧的部分地区，如德国开始得更早）可能被描述为"发光的"，这是由于频繁地使用铝金属轮廓，通常带有金色的光泽。在 20 世纪 60 年代和 70 年代的住宅建筑和

图 8.4　墨西哥国立自治大学：教会建筑立面上戴维．阿尔法罗．西凯洛斯（David Alfaro Siqueiros）的壁画。右边是由建筑师胡安·欧戈曼装饰的中央图书馆，一个用现代主义方法设计巨大立面的例子

图 8.5　由奥斯卡·尼迈耶（Oscar Niemeyer）（1960 年）设计的巴西利亚议会大楼：通过大雕塑形式的融合创造了整体的独特轮廓

百货公司的外墙装饰的金属或混凝土中，粗糙的网格或金属网也起到了关键作用。这也是试图引入更多的复杂性——不是通过新的几何结构，而是通过不同类型的材料和表面。建筑师在金色和银色饰面结构的直觉欲望驱使下，自然而然地找到了一种表达方式。

20 世纪 60 年代末和 70 年代的发展可以被描述为对形式的不断探索，这些形式提供更丰富、更复杂的外观，或者是对国际现代主义的永久改革，朝着更深入、更复杂的方向发展。然而，这种发展只影响了 30% 的优秀建筑；剩下的 70% 的背景建筑仍然像以前一样苍白。

图 8.6　这座位于巴西利亚的总统官邸，帕拉西奥·达·阿尔沃拉达（奥斯卡·尼迈耶，1958 年），带有标志性的雕塑式廊柱

　　现代主义的最大危机，催生了短暂的后现代主义时期。后现代主义是对现代主义的非历史立场、侵略、傲慢以及无可救药的欠缺美感的反应。这种反应来自建筑师自己，他们以阿尔多·罗西（Aldo Rossi）为首，突然想起了这座历史城市的原型。"邻里规划"和

"周边街区开发"这两个术语又回到了城市规划词汇中。这是我们正在叙述的历史上的一个关键时刻，因为在未来，重建后的城区将化解这些街区建造的现代主义新建筑与历史城市环境之间的冲突。建筑师和城市规划者恢复了理智，意识到一个开发项目可能是一次建

成的建筑杰作，也可能是普通建筑背景。建筑师们想起来，在 30% 的杰出建筑中，球体和金字塔形体可能会显得突出；而普通建筑在角部设塔，可以用来强调；采用带柱的门廊，可以提升立面效果。

后现代简化的形式是由机械制作的，没有任何手工工艺的痕迹。它们是用石膏或混凝土做成，颜色鲜艳，有些甚至色调花哨。机械制作、新材料和新颜色都是为了把它们与现代联系起来。然而，与现代主义相比，这种风格语汇，更多地与建筑史有关。这是一种明显的倒退，一种对先锋派和未来派现代主义形式的公开拒绝。这种放弃并不是完全的，但它很有启发性：显然，现代主义缺乏足够的形式，来创造必要的城市多样性，因此，建筑师开始从过去寻找答案，尽管现代主义者已经否定了这条路。从这里开始，这只是新古典主义的一小步。的确，它在后现代主义时期经历了复兴，并在美国和英国站稳了脚跟。在美国和英国，令人尊敬的住宅区都是按照历史风格建造的，而城市大厦则是按照新古典主义晚期的风格设计的。

而后现代主义遇到波动和失败的主要原因，是它在反讽之下缺乏诚意。戏谑在每一个细节上都有体现，并且会渗透到整个建筑中：柱头是特别的，柱身可能会被肢解或被涂以俗气的颜色。典型的形态群体，有一种飘忽不定的感觉，仿佛是由小孩子画出来的。陈列品拱门并没有为陈列品空间装饰入口。对称性闪现一下下，随即又消失了，仿佛逃不开自我怀疑。确定建筑细节的规则也并未恢复。因此，后现代主义不能被认为是对历史传统的回归。相反，这是一场现代主义的危机，它利用历史的榜样来寻找新的、附加的形式，

弥补了它本身缺乏形式的复杂性。如果现代主义的抽象简化的政策（尤其是 70% 的普通建筑）仍是占主导地位的政策，这种危机将会重演。

在随后的发展过程中，重要的是后现代建筑打破了历史形式的禁忌。从那时起，当代建筑已经容忍了一定程度的历史主义——尽管是在一定范围内，而且一旦脱离"总路线"，就有可能被贴上"庸俗"的标签。这样，后现代主义以新的视觉可能性和新的深度丰富了当代建筑。因此，在 20 世纪 70 年代末、80 年代初，建筑师们可以尝试重建历史城市：这一时期的小玻璃塔、拱廊和画廊随处可见。但这种风格似乎再次证明，历史的肌理不能被过于简化的语言所取代。此外，很明显，后现代主义只是现代主义的一种变体，如果你愿意的话，它是一种"亚风格"，这就解释了为什么它对历史环境的入侵通常被认为是分裂的，甚至是彻头彻尾的侵略。问题是，后现代主义并没有改变当前对细节的看法，而只是寻找新的、怪诞的形式。

到 20 世纪 80 年代末，许多建筑师已经意识到后现代主义不是一个"坚如磐石"，而仅仅是危机四伏。

这是一种病态地缺乏表达的形式，而这些建筑讽刺都是想当然的。是时候找到新的方法来接近现代主义了。

开辟的第一条道路是解构主义，它似乎与后现代主义有着基因上的联系。这是一种形式上明确的，但手法上表现为一种文本叙述，讲述了它是如何部分解构的甚至部分分解的；它是瞬间状态的捕捉。结果是建筑拆除或爆炸的瞬间，被保存在石头或玻璃中。这是新的、有趣的、未来主义的——但只适用于 30% 的

图 8.7 香港的天际线是由各种摩天大楼的富有表现力的剪影所界定的，其中许多是野兽派风格的

优秀建筑,这些建筑提供了丰富的对比,而且造价昂贵。70% 的低成本背景建筑负担不起这样的语言。

然后现代主义经历了一个全面的转变,变成了新现代主义。它的正式基础,已经成为一个曲线的或正交的网格,或完全没有任何立面网格的建筑物,这些抽象雕塑引入了今天的参数化的体系结构。现代主义的传统元素网格被破坏或扭曲,这被证明是走向更新的关键一步。机械主义在很大程度上被搁置一旁,许多建筑物避免了机械节奏的单调。现代主义保留了所有这些语言元素和特征,但主要用于大规模建设,而在 30% 的宣言建筑中,有一种明显的倾向,那就是怪异的形状,不寻常的曲线表面,没有历史来源的形式,以及一种混乱的、跌跌撞撞的节奏。

一场新的建筑革命刚刚开始。第一次革命向新世界展示了"诚实"、"朴实"的立方体和网格结构。第二次,最近带来了雕塑和非理性。现代主义终结了普遍的对称和拟人化的比例规则,而在其复兴的形式中,它彻底摒弃了理性主义,并将其引入了基于怪兽或嵌合晶体的比例〔正如杰出的贝尔尼尼(Bernini)描述了他的竞争对手博罗米尼(Borromini)的作品〕。我们是这一重大转变的见证者,我们正在体验它对现代主义的新观点以及新表达的力量以及新的诗篇,对比和谐的诗篇。

这是独特建筑风格的诞生,一种具有高度表现力的建筑形式,有时甚至具有雕塑效果。这种建筑在艺术和公众意识中占有特殊的地位。无论是绘画、构图还是雕塑,都没有产生如此大的影响,也没有如此雄辩地捕捉到现实的神秘,以及我们在现实中的位置。这些标志性建筑之所以如此吸引游客,只因为它们是我们这个时代可辨认的象征。它们证明了一种新的生活,新技术的可能性和一种新的世界观。今天的这些建筑遗迹代表着一种宏伟的、似乎是精英的建筑风格。它们是我们的金字塔和我们的圆形石阵。

新潮流标志性建筑最大的优点是他们的独特性,但这也是他们的问题。它们是建筑雕塑,面对着城市或乡村的环境,有着鲜明的对比,甚至是强烈的对比。它们在城市景观中占据着重要的位置,但城市本身,无论是在历史上还是在新的地区,都是由传统的直线方角构成的。具有强烈表现力的建筑与城市环境形成了鲜明的对比,这种对比,要比巴洛克式教堂与城镇房屋的并列还要极端得多。概念雕塑建筑与周围城市景观之间的反差是不可否认的。人们可以计算出所谓的标志性建筑与城市周边的比例关系,例如在任何城市的大街上。这些标志性建筑占总建筑面积的比例不超过 30%。因此,或许是时候反思一下,在这个高度反差对话与超现代、具有象征意义的建筑形成的时代,剩下的 70% 的背景建筑会是什么样子。而这是下一章的主题。

图 8.8　勒夫拉文化中心是 1981 年由奥斯卡尼迈耶（Oscar Niemeyer）建造的文化中心，是勒阿弗尔（Le Havre）最受欢迎的旅游景点之一。它与奥古斯特·佩雷特（August Perret）在 20 世纪 50 年代设计的周边地区的正交建筑形成了刻意的对比

第九章

和谐对比的建筑诗学

当一个现代主义的新建筑对一个城市和它的居民产生重大影响时，比如吸引了新的游客流，我们就会说这是"毕尔巴鄂效应"。弗兰克·盖里（Frank O. Gehry）设计的毕尔巴鄂的博物馆大楼为这一现象提供了名字，但我们可以举出许多其他类似的城市和建筑，它们在 20 世纪和 21 世纪引发了差不多的影响。这是如何发生的？在毕尔巴鄂，建筑创造了一种不寻常的景观，从传统的和谐类比的角度来看，这在 100 年前是完全不可想象的，它的效果是建立在与周边景观的对比上的。为了实现毕尔巴鄂效应，这座城市本身首先必须成为一个精心设计、细节丰富的背景，才能容纳如此闪亮的钻石。这样的建筑就像烟花一样，或是色彩鲜艳的花朵图案，被雅致的背景所烘托。艺术家杰夫·昆斯（Jeff Koons）创作了一幅有趣的漫画：一座雪白的大力神雕塑，肩上扛着一个蓝色的小球体。大力神是一个巨大的古典美人物，但在这个例子中，他似乎只是为这个蓝色的小球提供了一个有尊严的背景。这也可以解释何谓"对比和谐"，或者，如果你愿意，也可以解释这种现象为"毕尔巴鄂效应"。

然而，这种类比有其局限性。我们知道一个建筑有一个功能。它隐藏在建筑外壳流畅、充满活力的造型背后，这个设计看上去就像是凭空冒出来的，或者它可能会突然倒塌一样。最贴切的比喻是雕塑——建筑的功能只是雕塑。

但是这些城市景观中的独特建筑让我们想起了什么历史时刻呢？它们与历史城市中发现的神圣建筑有着最大的相似之处。有人可能会说，这样的建筑要么取代了教堂，要么本身就是教堂，尽管设计不同寻常。我们只需要想想普利兹克奖（Pritzker Prize）得主戈特弗里德·波姆（Gottfried Bohm）的水泥教堂。它们高耸于整个街区甚至是城市之上，主宰天际，创造城市中心，或者仅仅提供一个坐标点——有时，它们甚至会成为争论的焦点。如果我们考虑到这些建筑的功能，我们可以进一步进行类比——它们通常是博物馆（更常见的是现代艺术博物馆，意味着它们是现代时代精神的圣殿）。但它们也可以以海洋馆、剧院或音乐厅、美术馆、

图9.1　历史悠久的城市中，
　　　　新旧建筑交相辉映，
　　　　形成了丰富的对比感：
　　　　一种建筑幻想

图 9.2　显示了历史建筑和当代建筑的对比的建筑幻想画

政府部门或大公司总部的形式出现。这些雕塑结构中，只有很少一部分是住宅、酒店或写字楼（大公司总部除外）。但也有例外，比如由米兰的扎哈·哈迪德（Zaha Hadid）和丹尼尔·利伯斯金特（Daniel Libeskind）设计的住宅，或者由汉堡的港口城（HafenCity）的斯特凡·贝尼施（Stefan Behnisch）所设计的住宅。

但需要在一定程度上更新这个神庙的比喻。纵观历史，神圣的建筑通常是他们那个时代最奢华的建筑。他们体现了时代精神和当代的永恒观念。在这一点上，现代西方城市的雕塑建筑确实类似于一个值得尊敬的地方：它们也代表了关于现代建筑的创新潜力以及对未来的信念的所有主流思想的总和。然而，在过去，

图 9.3　从威尼斯的兵工厂看圣皮埃特罗·迪·卡斯特洛：在这个历史
　　　　悠久的城市里，日常建筑和杰出的建筑物品的典型组合

图 9.4　Bruges: 中世纪城市标
　　　志性和日常建筑的共同起
　　　源的例子

图 9.5　翁弗勒（Honfleur）是下诺曼底地区（Lower Normandy）一个风景如画的港口，以其半木制房屋而闻名。圣凯瑟琳教堂周围的区域提供了一个传统的历史例子，将更高的建筑融入周围的城市景观中

一座教堂、一座宫殿、一座塔或一座市政厅都是建筑等级的顶端，因此它是那个时代所有建筑成就的积累。一般来说，一座教堂坐落在高地上，周围环绕着一些不那么复杂的建筑。随着人们走向城市的边缘，这些建筑变得越来越普通。换句话说，从背景建筑到类似于教堂这样的纪念物，建筑在变得越来越复杂，而它的核心却没有改变，只是用新的技术和方法充实自己。我们把这描述为一种类比的和谐，因为我们发现，在简单的建筑和那个时代杰出的建筑的设计和比例上都有这种平行。如果作为城市建筑高地的礼拜堂被皇家住宅、市政厅或博物馆所取代，那么这些建筑在城市的土地景观中就占据了同样的位置。他们因此保持了他们的时代的建筑形式，完善了它们，或者把它们变成了不朽的比例。体系结构的层次结构没有改变。20世纪20年代发生了无数次违反这一规则的事件，当时人们越来越倾向于构建与其历史背景形成强烈反差的形式。20世纪20年代的社会主义工人俱乐部，住宅和公共建筑与历史的城市景观形成了鲜明的对比。这些作品代表了对新事物的宣言和对传统的突破。在这里，你只需要想想梅尔尼科夫（Melnikov）在莫斯科的俱乐部和他为自己建造的房子就足够了。

如果我们研究当前建筑与周围环境形成对比的例子，我们会发现相似建筑的等级制度，换句话说，这个类比，已经被永久地破坏了。情况可能是这样的：在城市的中央，矗立着一座建筑，它积累了最新的建筑思想的全部复杂性。它充满了形式、思想、参考和典故。从形式上看,这都是现代主义和前卫派的一部分。典故、引用和联想主要来源于先锋派、现代主义形式

和它们的历史。我们发现自己面对的是一个真正的现代建筑，它显然只指自己，充满了回忆自己的知识起源的记忆。它不承认更深层的过去，也不提及前现代建筑形式的丰富。因此，它可以是造型复杂的，也可以是极简主义的。

这种建筑，像雕塑，艺术作品，或者是极简主义的标志，并没有融入历史的广场，街道，和社区里（正如建筑的顾问委员会要求将这些建筑嵌入城市的风景中，他们的要求对于真正的现代建筑来说是很难实现的！）这些具有文化内涵的建筑，既不拘泥于传统的同质性的和谐，也不拘泥于旧技术的传递。他们的整个天性反对任何将他们融入其中或使他们与周围环境相适应的企图，因为他们遵循着完全不同的构成原则。这些建筑发现自己与这座城市进行了积极的、矛盾的对话。在这个意义上，它们是对立的建筑。

在这里，我们正在面对一个新的现实。我们必须注意到这一现实，并设法了解从一种新的和谐中产生的潜在好处：对比的和谐。一个巨大的复杂性建筑挑战了整个城市，首先是周围的建筑，无论是旧的还是新的。它体现了它的个性、独特性和价值；它展示了它的复杂性，并以其精湛的技巧或一种被刻意地极端的禁欲主义征服了我们。然而，它既不与城市融为一体，也不赋予城市周围任何复杂性和美感；它也不让自己受到周围环境的美学影响。

被视为有意识地卓尔不群的建筑，这些建筑的地位可以与知识分子的特立独行相提并论：这些人也过着彼此远离的孤独生活。他们用同样遥远的语言表达自己的思想，他们的话语有能力突然改变他们周围的

图 9.6
建筑师梅尔尼科夫
（Melnikov）在莫斯科的
家是故意将物体与其周围环
境进行对比的一个例子——
这里是阿巴特区（Arbat）
典型建筑的对比

一切。他们在一起形成了一种交换关系，但他们很少有任何关系，也许在学术期刊上。他们生活在一个不同的世界，一个由思想和感知所组成的世界，他们在这一点上与其他人不同。

我们可以说，伟大建筑的精华激励对方去发表更强有力的声明。可以说，我们的时代的架构已经分裂了，让我们面临两种建筑的架构：顶级的架构，它呈现了真相，或者做了简单的陈述（用了修辞或预言的架构）；以及背景的架构，没有自己的声音（或仅仅是说自己的陈词滥调）在这种艺术互动中，后者，即底层建筑，可能缺乏任何艺术品质。但这并不重要，因为没有人注意到这一点。它存在于日常事物的美学范畴之外。

人们也可以说，在现代主义到来之前，它一直都是这样的。的确，一直以来都有顶级的架构，它们的目的是做出"声明"，并创建核心思想和形式。并且总是存在借用或并入这些形式的后台体系结构。设计理念不断地从宣言式建筑的高度，传递到连片建筑的低地，和外围的广阔地域，在这个过程中，它们被逐渐淡化和简化。在这方面，一切都一如既往。

但事实并非如此。过去的建筑风格并没有在一个时代的主流建筑和它的环绕建筑中经历如此巨大的审美差异，它的特点是简朴的，机械化的，实用的形式和方法。这就解释了为什么新的、真正进步的建筑在放弃与旧环境形成对比方面是如此激进。由于意识形态的原因，这些建筑失去了与历史背景的联系，它们与现代、实用、大众建筑不再有任何共同之处。

在反对极权新古典主义风格的战争中取得的胜利，以及与后现代主义的进一步斗争中取得的胜利，最重要

图 9.7　新加坡艺术科学博物馆和滨海湾金沙酒店属于主导型建筑作品，它是定义现代新加坡城市景观的雕塑建筑

的是引入了在规划和建筑的参数化建模领域的全新美学观点，为一种新的建筑形式铺平了道路，这种建筑形式具有雕塑性，有时甚至有些古灵精怪。由于与之相关的高建设成本，这显然是一种独特的建筑形式。它声称表达了我们这个时代的思想和情感。现代艺术越来越复杂，并继续青睐于"装置艺术"和"复调乐曲"，它恰与现代艺术保持同步。这种图像架构现在能够用一种越来越精细和技术专家的解决方案，来表达复杂甚至极其复杂的状态。社会也开始聆听这些建筑声明，即使它们可能与期望的背道而驰，希望它们能提供一些新的东西。这是我们生活的时代，它有自己相当长的历史。现代主义的历史始于 100 年前的一场艺术革命。这场革命摧毁了悠久的、经典的、没有人相信会死的传统。许多人欢迎这一改变，直到今天，艺术家们对它的热情还是显而易见的。但是，对于那些习惯了它的图形特征的普通建筑观察者来说，这场灾难是无法忍受的：他们对视觉细节的渴望是如此强烈，以至于他们无法接受它的失宠和消亡。在艺术领域，"构形"（figuration）在书籍和电影中找到了避难所，现在在互联网上找到了新的归宿。它从来没有真正丢失过。——只是它完全，或者说几乎完全，从艺术世界的高处消失了。

类似的事情也发生在建筑中。随着古典秩序、装饰、浮雕和装饰的消失，构形也消失了。如今建筑的先锋之处，都在于挑衅和激进的对话，而外围已经被一种缺乏面孔的实用主义形式所渗透，这种形式的极简主义缺乏所有的美（建筑概念已经完全被遗忘了！）

结果就是，我们现在发现自己面对的是以下的情况：上层的知识分子们以他们精致的形式和物质的形式向世界展示他们的新作品，但这些作品一旦从历史背景中被转移到当代的背景建筑的领域中，就不会有艺术上的定位了。

当然，为建筑标志物研发的设计方案，在一定程度上积极地融入了当代大众建筑。这些设计特点和装置，可以在各种尺寸和功能的建筑物中找到。当最新的形式不再转变为更广泛（值得注意的是，便宜）的建筑群的一部分，他们就不再适应城市环境，成为典型的"分崩离析"的风格：背景建筑与新锐形式及周围环境形成对比，就像他们所模仿的先例。其效果不再是宝石或建筑标志物嵌入在不那么高贵但从上下文来说同等重要的宝石链中。事实上，恰恰相反，结果是令人讨厌的混响。这就好像一个邻居，想要把所有的人都压倒。

具有新形式的建筑也不表达一种共同的语言：它们彼此冲突，这就是为什么一个"改造后"的城市地区，新建不久的简洁建筑，以一种不和谐的形式出现。这些建筑物"挤在一起"，互相混乱地"嘶吼"，争取自身的主导地位。

很明显，这并不能成为新的正统。我希望看到我们的世界正在形成一种反乌托邦。但事实上，一场充满激情的建筑运动打破了这种平衡。先锋派是开创性的，它对其他风格产生重大影响，但是它不知道如何处理日常生活和如何协调自己的环境，尤其糟糕的：一个原始意义上的实用主义的建筑环境本来可以提供这样的协调。如果我们对形势的分析是正确的，那么我们可能会尝试提供一种解决方案，一种重新设计城市社区、广场和新的住区的方法。背景建筑将不可避免

地继续存在——在与之形成鲜明对比的建筑的阴影下。

这些背景建筑几乎没有被批评家和公众所注意到，或至少是被或多或少地忽视了——在这方面，我们可以也必须做很多事情，因为在这个地区设计和实现的所有东西都会对城市景观的一个主要部分产生影响，即我们已经确定的70%的建筑。作为现代文化的一部分，占30%的新建筑和引人注目的建筑将会掀起巨大的波澜，有可能为剩下的70%的简单建筑开发一种新的建筑形象。这将导致新的背景建筑，可以站在建筑雕塑作品旁边。它可以为宣言建筑的所有挑衅和挑战提供一个答案，无论是精致的还是极简主义的，立体的还是完全没有直线和斜角的。

今天的建筑经历了从20世纪50年代到70年代的现代主义。它在20世纪80年代后现代自我讽刺时期释放了它想排出的尽可能多的能量，然后在20世纪90年代回到现代主义的老路。我们可以相信，在对所谓的纯粹形体的考察中，它经历了每一个阶段，从没有任何装饰，到有装饰。在这样做的过程中，它不断否定自身——也许每一步都在踏上不归之路——与要求放弃所有形式的行为的基本论点不符合（以著名的"形式追随功能"格言为代表）。今天的形式和表面的方法，就像以前所有的时代一样——这一点我们一再强调——是对建筑体积的艺术理解的尝试，这与它的功能只有聊胜于无的联系。

如果我们试图将最重要的方法系统化，定义现代建筑的风格，我们就能找到五种形成表面的手法，这可绝大多数的近期建筑中发现。

第一类：结构框架是可见的，并且填充了不同的

图 9.8 《城市对比图Ⅱ》(City of Contrasts Ⅱ)中的建筑构想说明了 19 世纪、20 世纪和 21 世纪的文化层是如何在现代城市共存的

材料。立面的结构网，它可能（或可能不）与真正的支撑结构有关，可以是矩形的（或可以不是）。它可以或可以不完全用玻璃填充。

有时，一个透明或半透明的网格，或多或少有点古怪的形式，延伸到框架之上。这一层被称为双层幕墙。

第二类：建筑物的体量是可见的。与第一类不同的是，一个大的体积被覆盖在任何想要的材料上，开口可以是矩形的或非矩形的，大的或小的，排列成规则或不规则的图案。在某些情况下，当体量是一个立方体，可以随机切断某角落或切成圆形以便突出建筑的表达能力，这不可避免地将艾瑞克·门德尔松（Erich Mendelsohn）的建筑或俄罗斯构成主义的建筑进行对比，他们经常在此被引用作为参考。

第三类：这座建筑的外形或多或少保留了几何上清晰的特征，这使得主要的体量可以被识别。然后添加单独的矩形或故意做成非矩形元素。这些元素可以是立面图案（倾斜的或对称的三维架空塔和横梁）或任何形状的投射或凹凸的凸窗的三维延续。

第四类：构造体以立方体、梯形、三角形甚至曲线的形式铰接并转化为几何雕塑，具有锥状的突出和凹陷的元素。这种类型起源于立体派绘画和弗拉基米尔·塔特林（Vladimir Tatlin）的拼贴画。它可以出现在固体（第二类）或玻璃（第一类）建筑的立面上。

第五类：仿生或晶体状的雕塑的特征是在设计中完全或几乎没有矩形。体量可以是由折线组合而成，也可以是基于曲线的结构。这种类型在最著名的标志性建筑中是典型的，但也被不那么显眼的建筑所采用。

所有这些类型，都是象征当今文化的建筑的特征。

它与过去的文化成为一个对比性的元素但却与之很好地共存——如果，也就是说，碰巧过去的建筑就在附近，从而帮助新的建筑从背景中破茧成蝶。正是由于这与它的背景形成了鲜明的对比，并以牺牲为代价，标志性建筑才能够吸引最多的崇拜者。但是，如果历史建筑不存在，而新的建筑，被应用到一个空画布上，会发生什么呢？这是我们想在这里更详细研究的。

如果我们看看最著名的历史城市，比如在欧洲，我们会发现，一个地区由100栋建筑组成，这些建筑的立面装饰都是当时流行的风格，而在建筑组成比例中占据特殊位置的建筑不会超过30栋。这30栋建筑包括教堂、行政大楼、剧院、富有人士的豪宅和商业建筑，它们的所有者都在争夺人们的关注，最后，还有那些给社区带来独特品质的角楼。今天，我们将这些建筑描述为标志性建筑，在过去，他们的任务不仅是创造一个令人印象深刻的沿街面，而且也创造一个令人印象深刻的三维体量，因为这些建筑通常是独立存在的，矗立于街道和广场上，或者是在视觉轴的尽头的一个角落里，或者他们将自己的空间组合建立在一个排列着建筑物的街道序列上。

今天的建筑，也可以根据上面所描述的5种形式，来正式设计建造这30栋建筑，这些建筑受到关注的程度，与新建筑和周围普通建筑之间的对比成正比。然而，如果一个历史环境不存在，根本问题就出现了：现代建筑再也不能创造出一种视觉上令人满意的城市环境，这种环境的质量足以媲美过去的街道景观。但是，我们对于历史城市的关系也同样适用于现代城市：这里，30∶70的比率也同样适用于我们的想象，作为对比与和谐的比例。

但我们还没有完成。在大学里，建筑师被训练成明星建筑师，他们将设计100座建筑中的那30座建筑。但谁来建造另外70座呢？他们会使用什么创作工具？目前没有人知道这些问题的答案。批评家认为，不愿成为极简主义的背景建筑代表着一种妥协，甚至是一种庸俗的形式，但事实是，没有人会认为只有上述五种类型建筑的城市是美丽的。最多我们可能会把它们描述成有趣、大胆、现代，或者更多的时候，只是压抑和无聊。这可以直接归因于我们目前没有能力创造一个富有细节的城市背景——足以让每一座非凡建筑显得关键和有价值。今天的建筑可以与它的历史环境之间，以概念或雕塑建筑的形式，建立一个极简主义或仿生的对比。反过来，也可以通过唤起对比来更好地与这些环境的共存。但是尺度巨大的现代住宅区和城市将会发生什么呢？它们不可能仅仅由仿生或非真实感的建筑组成来提供对比。但这正是我们所面临的情况，这就是为什么，这样的建筑永远不会激起我们的热情。唯一的解决办法是，我们应该再学习一遍——然后教建筑工业——如何去创造城市景观，在这样的情况下，通过不同类型细节的调和，不管是新开发的或者是借来的，同时确保所有的新城市景观，包括普通的背景建筑有更优美的外观。城市规划者的挑战是，在总体规划的框架和预先确定的发展结构中，为30%的杰出对象找到优先位置。所有其他建筑的目的都是为了形成城市环境，它们需要在大量吸引人的细节和更精致的立面结构上做出重大改进，因为除了立面之外，它们没有什么值得关注的地方。事实上，这就是他们所需要的一切。

图9.9 一座19世纪建筑的角楼是城市历史景观的主要亮点

第十章
角力均衡的 30：70 原则

在前几章中，我们试图解释 20 世纪的现代主义建筑是什么，以及它固执地决定放弃：建筑表面丰富的细节。我们试图描述历史建筑的发展是如何从根本上影响表面装饰，即装修、装饰和浮雕。当然，建筑技术和建筑材料也在不断发展和变化，尽管如此，将建筑设计成特定的时代或风格，主要还是基于它的装饰方式。

现代建筑失去了具有丰富表现形式的可能性，失去了以往丰富的细节，但它们可以选择许多形式创意。对建筑来说，这些可能性构成了构建新体系结构的原则和技术指导方针。在第九章，我们将这些可能性分为五类。有些人会说这些类型代表现代建筑秩序，而另一些人可能会说它们代表 20 世纪引入的陈词滥调。

同样，几个世纪以来，历史上的希腊罗马秩序为许多建筑师提供了指导。然而，这不仅适用于神庙和宫殿——也就是那 30% 的杰出建筑——也适用于更简朴的建筑，它们的外观都很相似，毫不费力地创造了过去的城市景观。

当一座现代建筑建立在历史建筑环境中时，会发生什么？它总是与周围环境形成对比。即使在现代建筑试图适应和"融入"的情况下——正如许多国家的建筑专家和建筑规范法条所徒劳地要求的那样——由于其极简主义（用建筑师的语言）或表面的朴素（用日常使用者的语言）以及机械的节奏和简化的立面构成关系，它也将永远不可救药地处于历史邻居的对立面。是的，这是所有事物的组成部分，尽管有大量的几何形态和仿生形态的雕塑建筑，但大部分的地产投资者和住户都认为最简单的办法是修建有立面的直线建筑，在他们的房子里一直都是装饰的，而直到 100 年前，这成为一种糟糕的品位。

当附近有历史建筑时，与从上面描述的五种类型中提取出来的新建筑进行对比，呈现出一幅色彩丰富的画面，与我们从圣彼得堡、巴黎和罗马了解到的过去的整体风格几乎没有关系。然而，一连串的新建筑并不能构成一个利用对比来创造和谐的整体。这些建筑并置在一起，所缺少的是一条优雅的线索，它由朴素但细致的立面组成，可以提供背景环境，让建筑（希望是真品）宝

石能闪耀其间。即使我们能够发号施令，在构成现代城市景观的 70% 的建筑之外，得有 30% 不寻常的建筑，构成一种和谐对比的奇迹。但现代城市景观仍会由于受到约束而显得简单而机械，因此无法显现出来，因为设计用来装珠宝的项链将被证明不过是"暗灰色的锡制品"。那么，我们应该做些什么呢？我们想总结这本书的方法或建议是相当简单的。但首先，在我们给出建议或指明手法之前，我们想回到这本书是为谁写的这个问题上。

我们并不是要替那些相信历史城市只能是历史建筑风格的人讲话。这本书的作者们一次又一次地讨论了这个观点的支持者：是否可以想象一个美丽的、高度现代化的建筑矗立在圣彼得堡皇家风格的珍宝旁边，这就是卡洛·罗西（Carlo Rossi）的标志性建筑？我们自然不可能在这一点上达成妥协。

这本书也不是针对那些认为当代建筑的发展方向完全没有问题的读者，也没有从一排排现代建筑的异质作品里感到不安或不和谐。毕竟，东京的银座区和阿姆斯特丹或奥斯陆的新住宅区都是按照这个原则建造的。它们还能让观察家们高兴多久？当代建筑是否有必要以长寿为目标？

相反，这本书是针对所有那些与我们有共同信念的人的，即建筑不是简单地为了持续几十年而创造的。它应该能维持几个世纪。我们写这本书是为了那些像我们一样认识到当代建筑可以在一个单一项目的框架内达到一定高度的人，为了实现这一目标，它拥有在几年前还

图 10.1　当代建筑与背景建筑并存：一种建筑幻想

图 10.2 在详尽历史背景衬托
下的当代桥梁雕塑形
式：一种建筑幻想

无法想象的技术能力。然而，这并不意味着他们能够有意识地在对比的和谐中为新的整体做出贡献。

在这一整体中，我们将把30%的建筑用未经尝试的方法建造，并付出大量的才干和勤奋，因为这些建筑都扮演着"麻烦制造者"的重要角色。他们吸引了观众的所有注意力，我们希望他们会发现这个组合是一个奇迹而不是厌恶的源泉。

这些建筑可以使自己在高度和平面上都与周围的环境截然不同，它们可以高耸于邻近的建筑之上，也可以从周围的建筑中切割出来，并且，根据建筑中使用的材料，它们可以与背景建筑形成对比，让环境证明它们的价值。

我们将把70%的精力用于那些围绕着建筑标志物的平凡建筑，它们就像一种镶钻花边。这种类型的城市环境中，建筑已经不能再设计了。或者说它们已为此小心翼翼地做了很多努力。这些类型的建筑在我们所描述的五种类型中是不存在的，因为五种类型的建筑在建筑的形式和表面的改良上都缺乏约束，这是一个非常关键的元素：这种提纯是通过细节、浮雕的深度和装饰性来实现的，也可以通过赋予表面一种触觉的品质来实现。我们所谈论的是所有建筑师所害怕的，装饰和装修——基本上所有能使当代建筑表面富有多样性的东西，就像从历史建筑中重新发现的一样。

只有在处理立面结构时——不考虑这是利用旧的建筑秩序的结果，还是利用新开发的结构、装饰和浮雕——达到必要的密度，使立面在近距离不失优雅，在年老时仍有尊严，我们才能这样认为，期待这样的建筑立面，成为城市景观的有价值元素和城市景观的参与者（基于对比的和谐原则），从而将当代建筑想要表达的全部信息，融入我们城市的外观中。

这种对比的和谐，是基于文艺复兴时期的政治家们所说的"角力均衡"（balance of power）。在16世纪四分五裂的意大利，政治家们试图通过与中小国家结盟来实现一种复杂的平衡，从而确保一定程度的军事和政治平衡。在这里，我们希望把"角力均衡"这个词转移到建筑领域，转移到城市景观的平衡。同样，30%的资金被分配给杰出的建筑，70%的资金被分配给周围的城市建筑。

我们相信，在城市景观中可以创造出一种动态的平衡，让居民感到自在，不会过于慌乱（例如，当标志性建筑超出了他们的份额），也不会太麻木不仁（例如，当大规模发展占了上风）。

我们相信现代建筑代表着一个领域，在这个领域中，挑衅的标志性建筑与城市背景两种力量必须相对于彼此保持平衡。我们很清楚，我们建议的30∶70的比例是相当不精确的，因为它可以用来使城市的人保持完整性，而不会被原子化或变成一个不知名的群体（如果这个比例没有得到维持的话，这将会发生，而且确实会发生）。我们讨论的是关于不同类型的建筑的共存，一个可以应用于新城市整体的比例，没有一种风格可以占据上风。相反，我们的目标是达到30∶70的平衡，在我们看来，这种平衡保证了我们所描述的对比的和谐。这种平衡的破坏导致这种微妙和谐的消失。大多数建筑应该继续在这个新构思的合奏里发挥重要作用。就像戒指将珠宝与佩戴者联系在一起一样，城市环境的任务是将整个建筑组织，优化为人类的尺度。这就是为什么众多的背景

图 10.3　在威尼斯的 Castello 街区圣玛丽亚福尔摩萨教堂的正面细节（左）

图 10.4　阿马尔菲大教堂和与中世纪建筑的邻接小巷，展示了丰富多样的装饰特征（右）

建筑不仅需要非常详细的立面表面，而且还需要考虑到人的物理尺寸。我们相信，一排排平均有六层楼高的建筑，最高的天花板至少有 3 米高，每座建筑的立面长度为 20～30 米，没有吸引力的斜屋面，静止的生活状态，最终将从每一处现代城市景象中完全消失，从而创造出一个人性化的、亲近的城市环境。

如果一个城市的大部分建筑都是这个高度，如果它们彼此隔着 25 米的距离，这将保证一个令人愉快的宽度。背景建筑的高度也有助于在城市环境和杰出建筑的个别例子之间创造一种令人兴奋的、有吸引力的对比。这样的建筑可以而且必须高于环境，或者建在城市广场上，或者建在主要的道路交叉点上，有时距离建筑线较远。无论如何，它们应在城市景观的显著位置矗立，使其具有最佳的能见度，并可从尽可能远的距离来观看。在城市全景图中，这些标志性建筑的轮廓与下方建筑相映成趣，从而创造出一个不可磨灭的独特城市的天际线。

任何戏剧作品都有一个内在主题，这对城市环境来说都不是好兆头：每一部戏剧也都必须结束。然而，我们相信，城市必须能够在很长一段时间内产生欢乐和惊奇。这就是为什么建筑必须表现出一种在我们的分类中还没有出现过的特殊品质：建筑应该能够有尊严地老去，不仅在材料上，而且在精神上也是如此。

这种有尊严的老去的品质，对于背景中的建筑来说尤为重要。毕竟，这些建筑占大多数（正如我们多次所说，它们占到了城市的 70%）；它们构成了城市的肌理，如果每 20 年、30 年甚至 50 年就被替换一次（当谈到城市的历史和建筑的历史时，这个时间段就好似几秒钟），这不仅意味着建造者的工作和能量都被忽略了，还意味

着城市的"文化层面"在未来几代人的生活中不断被抹去。毕竟，存在的层次越多，城市的外观就越有趣。

对于那些标志性建筑即那些杰出建筑来说老化，甚至是精神上的老化，都不是问题。他们在数量上更少，我们可以假定在他们的规划和建设中使用了最先进的技术，并且投资比大多数建筑物高得多。这些建筑的建筑和立面（或外壳）都要复杂得多。它们往往是重要的社会机构的所在地，因此得到更多的关注和资金用于维修和翻新。他们的老化本身不会那么剧烈，因为人们对这些建筑的普遍看法仍然存在：它们是他们那个时代文化最伟大的成就。当然，一个标志性建筑在短短几十年后就很有可能被拆除——我们只需想想巴黎大堂（Les Halles），在最近刚刚被拆除并完成了第二次重建，它曾被称为"巴黎之腹"。如果对标志性建筑进行翻修，有时可能会贵得惊人，就像蓬皮杜中心（Centre Pompidou）的情况一样。

另一方面，周围的建筑要想生存就得自己照顾自己。没有人会投资改造看似没有灵魂的混凝土网格立面，这是 20 世纪六七十年代典型的住宅和写字楼。如果圣彼得堡、利沃夫、罗马和巴塞罗那的老建筑直到今天仍然保持着惊人的美丽，即使他们迫切需要翻修，那么这可以归结为他们多样的、优雅的、老化的立面结构。他们以尊严和优雅的姿态坚定地承受着所有老化的苦难，而今天的城市建筑将很难模仿。

这就是为什么在设计现代城市建筑时（这是我们在这篇文章中一直关注的焦点），我们必须首先放弃所有今天看起来很流行的主题，但与建筑构造没有任何关系，就像所有的时尚配饰一样，都是短暂的。这些主题包括

图 10.5　陶尔米纳（Taormina）一个简单房子表面上的丰富细节

图 10.6　威尼斯一扇门上的部分建筑装饰

窗口随楼层变动的节奏、非正交的窗户开口、每一个当代建筑师都为了显得现代而知道使用的艺术装置，尽管这些设计技巧与立面荷载分布是冲突的。对于标志性建筑来说，那些结构上毫无根据的立面都是不错的，即便如此，只有当它们是真正新颖和不寻常的时候。对大多数建筑物来说，它们都显得不自然而不合适。

但更重要的是，建筑材料本身在物质和精神上的老化。我们上面提到的那些漂亮的老建筑都是用坚固的砌砖建造的，没有任何额外的隔热材料，只有饰面层、灰泥或砖雕，而砖雕本身就是支撑墙的一部分。在所有描述的案例中，装饰都是必不可少的，并且达到了目的：灰尘聚集在浮雕上，创造出一种图案，这使得他们的雕塑设计以一种可以预先计划的方式变得可见，从而产生一种持续多年的效果。随着时间的推移，这些建筑的面貌会逐渐老化，只有在最坏的情况下，它们才会变成风景如画的废墟。

就现代建筑而言，腐朽的不是他们的脸，而是与建筑本身的特征无关的面具。几乎所有的当代建筑都有一层不受影响的隔热板。在这种绝热材料之外再加上一层——石头、陶瓷、水泥板，甚至是灰泥。这种材料太薄了，看起来就像壁纸一样，而且很容易剥落。这并不是一个世纪前的精美砌砖，而是由绝缘材料制成的薄片。

该怎么办？建筑技术必须从根本上改变，发展新技术。今天的节能规定特别严格，但我们必须设计出坚固的外墙，其强度在经济上是可以承受的，能够支撑微妙的上层建筑，将立面的表面分割和细化。目前的工业生产厂商并没有充分完成这项任务，因为似乎没有人关心城市环境建筑质量的低劣和快速衰败。但是这些建筑构成了城市的主体，我们未来将在这里居住，我们的后代将把他们作为衡量我们这个时代建筑技术和建筑文化的标准。

结语

我们通过观察建筑装饰的演变，把建筑的历史看成是装饰风格的演变。我们关注的是建筑和作为艺术家的建筑师，其风格的变化反映了他生活的时代。对我们来说，重要的是要表明，在 20 世纪早期以前的各个时代，建筑师不仅能够监督一座建筑的修建，而且能够设计它。因为如果建筑中只有建筑空间留给建筑师来进行大规模的设计，那么那些专注于小规模设计的艺术家们又将何去何从呢？我们相信，建筑的构图本质，与大多数日常建筑都具有或应该具有持久的艺术价值这一事实有很大关系。

我们已经展示了现代主义如何和为什么要告别构形法，以及现代建筑最好的、程序化的方面是如何发展其表达语言（如雕塑、动态、对比导向、极简主义等）。在这个过程中，建筑师可能已经失去了一些东西，但是由于他们现在可以使用的全新设计资源，他们也获得了巨大的收益。然而，这也意味着专注于原创建筑的诱惑太大了，以至于每一位建筑师都在努力建造城市景观中 30% 的"对比型的建筑"。而且几乎没有人会有意地将自己应用于为城市环境设计微妙的建筑，在我们看来，这应该包括绝大多数的建筑，即 70% 的建筑。这导致了这样一种情况：一个城市的背景建筑与主要以功利为目的的非文学化的建筑是同义的，不去尝试艺术解决方案，因此无法与标志性建筑作品进行克制而有自信的对话。

我们已经展示了当今城市景观的潜力和不足之处，我们下意识地确信，城市景观试图按照对比和谐法则来组织自己。在这个现代的合奏中，有一个潜在的中心，一个界面，或者一个中心，但是今天缺少的是关系，是珠宝项链一般的背景。创建这个背景是必须要经过学习的，这样才能开发、支持和维护对比的和谐。

我们主张恢复历史上已被证实的具象雕塑所带来的优势，并对城市街景的立面进行高度的细节化处理。这样就能让新的城市建筑群的和谐，与我们在欧洲城市的历史街景质量相一致，在那里我们能找到新与旧的和谐共存。

我们也想强调细节对于每一座建筑的重要性，无论中心建筑还是背景建筑。形状的显著性或空间构图的某一部分的突出性,不应忽略表面的细节或质量。作品的复杂性、简洁性和独特性特点应该通过适当密度的细节来平衡,因为如果构成的影响是全局性的,细节的影响也会让自己在更局部、更人性化的尺度上感受到。只有当构图和细节达到平衡和精心设计的程度时,它们才能共同构成一个新的整体。观察者应能接受新的情绪刺激,鼓励他们深入表面细节——就像我们从远处可看到树冠的美丽,而在近处可看到树叶的美丽。

我们刻意不提供如何建造我们的城市环境的具体操作方法,而是指出缺乏这些操作方法,所引起的缺点和问题,并指出如何通过在立面增加细节来补救这些缺陷和症状,从而关注通过这种方式可以达到建筑的长寿。

无论是构形还是材料触感,现在的建筑师有很多东西没有学会。没有时间给这些主题,因为它们被认为只不过是过时的俗气。但是,我们相信,新的构图和细节方面的具体手法,必须通过创造性的重新整理、吸收和利用全球建筑历史中发现的知识来发展。这构成了一个广阔的领域,对积极开发适合城市景观整体的建筑具有重要的意义。

对于我们的读者来说,我们希望他们在这本书中发现的建筑方法能够帮助我们了解我们可以做些什么,使我们城市环境中那些世俗的、简单的建筑更加优美可爱。